Content Marketing

Sepita Ansari, Wolfgang Müller

Content Marketing

Das Praxis-Handbuch für Unternehmen

Strategie entwickeln, Content planen, Zielgruppe erreichen

Bibliografische Information der Deutschen Nationalbibliothek
Die Deutsche Nationalbibliothek verzeichnet diese Publikation in der
Deutschen Nationalbibliografie; detaillierte bibliografische Daten sind
im Internet über <http://dnb.d-nb.de> abrufbar.

Bei der Herstellung des Werkes haben wir uns zukunftsbewusst für umwelt-
verträgliche und wiederverwertbare Materialien entschieden.
Der Inhalt ist auf elementar chlorfreiem Papier gedruckt.

ISBN 978-3-95845-044-8
1. Auflage 2017

www.mitp.de
E-Mail: mitp-verlag@sigloch.de
Telefon: +49 7953 / 7189 - 079
Telefax: +49 7953 / 7189 - 082

Lektorat: Sabine Schulz
Sprachkorrektorat: Petra Heubach-Erdmann
Covergestaltung: © Designbüro »Madame Design« / Anne Adam
Satz: III-satz, Husby, www.drei-satz.de
Druck: Medienhaus Plump GmbH, Rheinbreitbach

Inhaltsverzeichnis

Über die Autoren

Sepita Ansari

Kapitel 1: Warum Content Marketing
Kapitel 2: Content-Marketing-Strategie

Dr. Sepita Ansari (*1978), Geschäftsführer und Mitbegründer von Catbird Seat, ist einer der anerkanntesten Digital-Marketing-Experten in Deutschland. Seit über zehn Jahren beschäftigt er sich mit dem Thema Digital und Content Marketing. Er ist Dozent für Content Marketing an der FH Würzburg-Schweinfurt sowie für Digital Marketing an der Hochschule München. Zudem ist Sepita Ansari stellvertretender Vorsitzender der Fokusgruppe Content Marketing im Bundesverband Digitale Wirtschaft (BVDW).

Wolfgang Müller

Kapitel 3: Content-Planung

Wolfgang Müller (*1977) ist Head of Content Strategy bei der Münchener Digital-Agentur Catbird Seat. Er ist ausgebildeter PR-Consultant, Redakteur und Diplom-Sozialgeograph. Seit fünf Jahren beschäftigt er sich mit Strategie und Konzeption im Content Marketing und berät dazu Kunden mit Branchenschwerpunkt Mode, DIY und Automotive.

Björn Rimpel

Kapitel 4: Content-Produktion

Björn Rimpel (*1981) ist Team Lead Content Marketing Campaign bei Catbird Seat. Mit über sieben Jahren Erfahrung im Online-Marketing hat er von Community-Management über SEO und SEA bis hin zum Content Marketing bereits in vielfältigen Online-Marketing-Disziplinen gearbeitet. Dies macht ihn zu einem Allround-Talent mit einem Faible für ganzheitliche Strategien.

Katharina Frank

Kapitel 5: Content-Distribution

Katharina Frank (*1980) ist seit 2015 Marketing & Public Relations Manager bei Catbird Seat. Katharina Frank ist Kommunikationsexpertin mit einer über 15-jährigen Erfahrung in Corporate-Presse- und Öffentlichkeitsarbeit, Markenkommunikation sowie Media Relations. Sie hat einen Magister Artium (M.A.) in Theaterwissenschaft, Philosophie und Neuere deutsche Literaturwissenschaft an der Ludwig-Maximilian-Universität in München gemacht.

Frank Hohenleitner

Kapitel 6: Bereitstellung von Content für Suchmaschinen

Frank Hohenleitner (*1984) leitet als Chief Consulting Officer das Beratungsgeschäft bei Catbird Seat. Der Experte für Content Marketing, Suchmaschinenoptimierung, Digital Analytics und SEO Softwares wird gerne als Referent auf internationalen Konferenzen eingeladen. Dazu ist er Dozent an der Hochschule München für Wirtschaftsinformatik und gewann mit seinem Team unter anderem den SEMY-Award für die »Beste SEO Agentur 2016«.

Frank Hohenleitner ist ein Online-Marketing-Experte mit zehnjähriger Branchenerfahrung und einem hervorragenden Netzwerk. Bis Mai 2012 war er als Director Consulting für das Beratungsgeschäft beim Software-Unternehmen Searchmetrics verantwortlich, bevor er sich Catbird Seat anschloss.

Christopher Zapf

Kapitel 7: Content-Marketing-Analytics

Christopher Zapf (*1987) ist Head of Analytics bei Catbird Seat. Während des Studiums der Wirtschaftsinformatik hat er sein Faible für das datengetriebene Online-Marketing entdeckt. Nach Stationen im SEO und Content Marketing hat er sich weiter in dem Bereich Web-Analyse spezialisiert. Dort verantwortet er mit seinem Team die Konzeption, Implementierung und Analyse unterschiedlicher Online-Marketing-Kampagnen.

Einleitung

Was will der Kunde? Diese Frage war schon immer zentral für das Marketing. Gleichzeitig war es schon immer schwer, eine klare Antwort auf diese Frage zu finden. Content Marketing tritt an mit dem Anspruch, diese Antwort besser liefern zu können als andere Ansätze.

Zwei Feststellungen sind dafür wesentlich:

1. Kunden – insbesondere ihre Online-Aktivitäten – lassen sich besser analysieren als je zuvor. Die Datenbasis hat sich enorm entwickelt.
2. Die Zahl der Kontaktmöglichkeiten zwischen Kunden und Unternehmen hat sich durch das Internet vervielfacht.

Ein genaueres Kundenverständnis kombiniert mit der neuen Vielfalt der Kontaktpunkte ergibt den Mix an Bedingungen, die sich Content Marketing zu eigen machen will. Content Marketing verfolgt diesen ganzheitlichen Ansatz und ist damit relevant für alle, die sich professionell mit Marketing beschäftigen.

Die Kernidee von Content Marketing ist es, im ersten Schritt die Interessen und Bedürfnisse der Kunden zu verstehen, um Inhalte schaffen zu können, die genau diese Interessen und Bedürfnisse adressieren. Im zweiten Schritt geht es dann darum, die eigenen Produkte und Leistungen im Kontext dieser Themen zu positionieren.

Im Content Marketing positionieren sich Unternehmen damit gleich auf mehrere Arten: Indem Sie sich entscheiden, Inhalte zu entwickeln, die zunächst über das eigene Produktangebot deutlich hinausgehen können, positionieren sie sich über Themen. Und indem Sie damit einen Kontext schaffen, in dem die eigenen Produkte sichtbar werden, positionieren sie ihre Produkte und Leistungen.

Tatsächlich positionieren sich Unternehmen mit Content Marketing noch auf eine weitere Weise: Indem nicht nur die Interessen von Kunden, sondern auch die »Aufenthaltsorte« näher unter die Lupe genommen werden. Im Ergebnis entsteht aus einer solchen Analyse eine Customer Journey, die Kontaktmöglichkeiten über alle Phasen des Kaufprozesses aufzeigt. Aufgabe des Unternehmens ist es, die auf die jeweilige Phase des Kaufprozesses abgestimmten Inhalte in geeigneter Form (bzw. im geeigneten Format) und im geeigneten Kanal abzubilden.

Diese Gesamtaufgabe, der sich Content Marketing stellt, ist folglich komplex. Dieses Buch legt daher einen besonderen Fokus auf die Themen Content-Strategie und Customer Journey.

Content Marketing lässt sich aus Sicht der Autoren nur beherrschen, indem klare und langfristige Ziele aufgestellt und die Rahmenbedingungen vollständig geklärt werden: Wer bin ich? Wer sind meine Kunden? Welchen Content verwenden meine Wettbewerber in welchen Kanälen? In welchen Bereichen kann ich die Kunden besser ansprechen als alle anderen?

Um Antworten auf diese Fragen geben zu können, widmet sich dieses Buch ausgewählten Strategien, Praxisbeispielen, Tools und Ideen, um Inhalte übereinstimmend mit den Bedürfnissen unterschiedlicher Zielgruppen zu gestalten. Der Fokus liegt dabei auf Inhalten für Online-Shops, Online-Marktplätze und Unternehmens-Webseiten.

Die Anleitungen und Methoden verteilen sich auf sieben Kapitel:

Kapitel 1: Warum Content Marketing

Digitales Marketing liefert mehr Daten denn je, um die entscheidende Frage zu beantworten: Was will der Kunde? Das einführende Kapitel zeigt, wie sich Content Marketing in diesem Kontext als nutzerzentriertes Marketing definiert und leitet über zur Kernidee der neuen Disziplin: Kunden lassen sich über informierende, beratende und unterhaltsame Inhalte stärker denn je ans Unternehmen binden und auf vielfältigere Art gewinnen und überzeugen.

Kapitel 2: Content-Marketing-Strategie

Es gibt kein Marketing ohne Vorbereitung. Das Kapitel *Content-Strategie* zeigt daher, wie klassische Methoden auch im Content Marketing die Basis für dauerhaften Erfolg sind. Zieldefinition, Zielgruppenanalyse, Wettbewerbsanalyse und schließlich Strategiebildung werden erläutert anhand von erfolgreichen Content-Marketing-Beispielen für verschiedene Branchen.

Kapitel 3: Content-Planung

Das Kapitel *Content-Planung* verdeutlicht, wie sich auf Basis einer Content-Strategie verschiedene Taktiken im Content Marketing entwerfen lassen. Dabei wird die Idee der Customer Journey in den Mittelpunkt gerückt, um zu entscheiden, an welcher Stelle im Kaufprozess neue Inhalte entstehen oder bestehende Inhalte verbessert werden sollen.

Kapitel 4: Content-Produktion

Das Kapitel zeigt, wie sich ganze Kataloge an Inhalten in den gängigsten Formaten – Text, Bild und Video – planen lassen. Die Formate werden dabei sowohl einzeln behandelt als auch im Zusammenhang mit Kampagnen. Vorgestellt und tiefer analysiert werden Methoden zur Steuerung der Content-Produktion wie Content-Marketing-Roadmaps und Briefings.

Kapitel 5: Content-Distribution

Gute Inhalte haben Aufmerksamkeit verdient – deshalb müssen sie dort auftauchen, wo die Nutzer unterwegs sind. Das Kapitel *Content-Distribution* illustriert die wichtigsten Methoden und Kanäle für die Verbreitung strategisch geplanter Inhalte wie SEO, SEA und verschiedene Social-Media-Kanäle. Hinzu kommen Tipps, welche Kanäle sich wann lohnen.

Kapitel 6: Bereitstellung von Content für Suchmaschinen

Online-Inhalte unterscheiden sich gravierend von anderen: Sie sind immer auch ein Stück Technik, das nicht nur für Nutzer, sondern auch für Maschinen aufbereitet werden muss. Zentral ist die Anpassung an

Suchmaschinen wie Google. Das Kapitel zeigt im Überblick, worauf es dabei heute ankommt.

Kapitel 7: Content-Marketing-Analytics

Content Marketing kann nur dann erfolgreich sein, wenn es sich messen lässt. Gemäß dieser Auffassung gibt das Kapitel *Content-Analytics* eine Einführung, welche Werte für die Zielerreichung im Content Marketing (KPI) über Google Analytics transparent gemacht werden können. Praxisbeispiele erleichtern die Verständlichkeit.

Die in den sieben Kapiteln zusammengetragenen Ideen, Beispiele und Methoden liefern für Detailfragen und die Verwendung von erprobten Tools eine Blaupause, die sich 1:1 auf das eigene Unternehmen übertragen lässt. Es überwiegt jedoch die Absicht, einen Orientierungsrahmen zu geben, über den Sie die individuell beste Lösung für Ihr eigenes Content Marketing finden können.

Um im Content Marketing erfolgreich zu sein, zählt am Ende des Tages die eigene Aktivität. Die Strategie muss in Content und Kampagnen übersetzt werden. Und trotz aller Vorüberlegungen sollte immer der Raum für Tests bleiben. Denn am Ende des Tages wird sich nicht die perfekte Vorbereitung durchsetzen, sondern der Unternehmer, der auf Basis der aus der Strategie abgeleiteten Aktionen am schnellsten dazulernt.

1

Warum
Content Marketing

1.1   Einleitung und Definition Content Marketing

Warum sollten Sie sich mit Content Marketing beschäftigen? Ganz einfach: Die Zeiten, in denen es ausreichte, einfach Werbung zu schalten (Push-Marketing), neigen sich dem Ende zu. Das wollen einige Vertreter aus der alten Marketing-Welt immer noch nicht wahrhaben, denn schließlich hängt ihr gesamtes Geschäft daran. Also versuchen sie weiterhin, ihr Einkommen durch Push-Marketing zu sichern. Dabei ignorieren sie eine fundamentale Entwicklung: Durch die Digitalisierung und Sozialisierung der Medien gibt im Marketing nur noch eine Gruppe den Ton an, nämlich die der Nutzer! Diese sind nicht mehr »hörig« und möchten sich schon gar nicht »pushen« oder »targeten« lassen. Über die sozialen Medien kommunizieren die Nutzer mit und über Unternehmen, und relevante Informationen beschaffen (»pullen«) sie sich größtenteils selbst.

Mit Content Marketing gibt es für Unternehmen ein »neues« Werkzeug, mit dem die Zielgruppe besser, schneller und authentischer angesprochen werden kann. Ist Content Marketing etwas Neues? Immer wieder heißt es, dass Content Marketing »alter Wein in neuen Schläuchen« sei, wie etwa in der Content-Debatte im Fachmagazin W&V im Februar 2016, in der die Content-Lüge öffentlich diskutiert wird. Ich würde denjenigen recht geben, die vom alten Wein (Marketing über Inhalte) in neuen Schläuchen (Prozesse innerhalb der digitalisierten und sozialen Medien) sprechen. Ich finde es aber sehr bedenklich, wenn keine neuen Prozesse innerhalb der Organisation aufgestellt werden, um der digital-sozialisierten Welt gerecht zu werden. Dazu gehört eine Hinwendung zu Marketing-Praktiken, die deutlich brechen mit dem alten Bild des autoritären Senders, der eine anonyme Schar an Empfängern ins Visier nimmt. Wann und wo welche Inhalte für welchen Marketing-Zweck erscheinen sollten, lässt sich aus Daten destillieren, die das Nutzerverhalten spiegeln.

Content Marketing ist entsprechend ein geeignetes Werkzeug, um in der neuen digitalisierten und sozialisierten Welt mit der Zielgruppe zu kommunizieren. Es ist auch kein Hype-Thema, sondern ein stabiler

Trend, wie Abbildung 1.1 zu entnehmen ist. Hier haben wir das Online-Tool Google Trends genutzt, um die Entwicklung der Suchhäufigkeit in Deutschland von 2011 bis 2016 rund um den Begriff »Content Marketing« zu illustrieren.

Abb. 1.1: Entwicklung Suchtrend »Content Marketing« via Google Trends (12/2016)

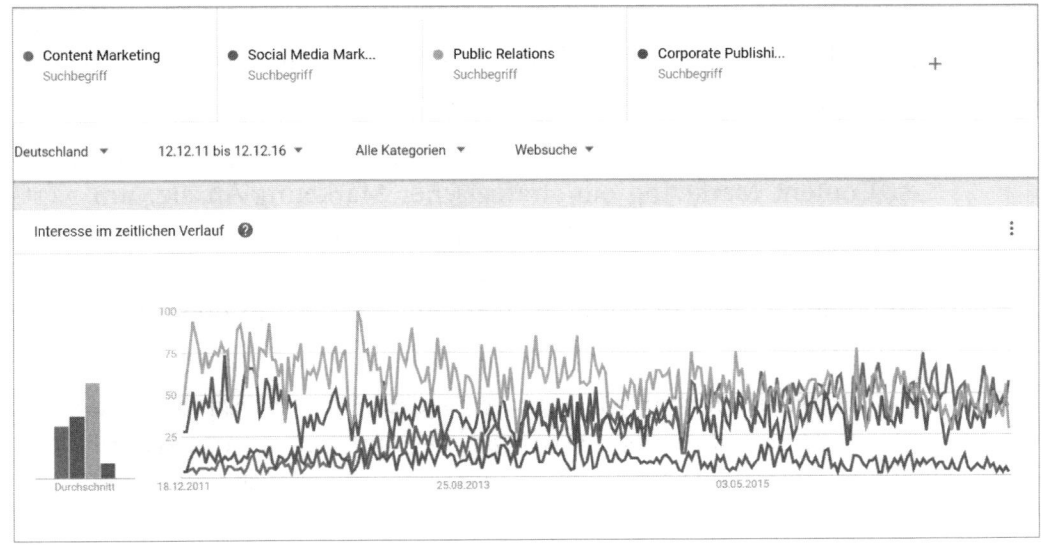

Abb. 1.2: Entwicklung Suchtrends »Public Relations«, »Social Media Marketing«, »Corporate Publishing« und »Content Marketing« via Google Trends (12/2016)

Abbildung 1.2 setzt »Content Marketing« ins Verhältnis zu den Begriffen »Public Relations«, »Social Media Marketing« und »Corporate Publishing«. Hier wird deutlich, dass »Content Marketing« inzwischen mit »Public Relations« und »Social Media Marketing« gleichgezogen hat, was Suchhäufigkeiten angeht.

Wir sehen aber auch einen eindeutigen Trend, dass Unternehmen zu Verlegern werden und nicht nur eigene Blogs führen, sondern auch Online-Magazine aufsetzen, Redakteure einstellen und sich immer mehr als Content-Produzenten positionieren.

In diesem Kontext haben wir (mein Content-Marketing-Team & ich) beschlossen, ein Buch mit möglichst viel Praxisbezug zu schreiben, das Ihnen dabei hilft, Ihr Geschäft durch strategisch geplante Inhalte zu optimieren und eng mit Ihrer Zielgruppe zu kommunizieren.

Dieses Buch soll leicht lesbar und verständlich sein und mit möglichst wenig Akronymen und Anglizismen auskommen, auch wenn das gerade im »Content Marketing« schwerfällt. Bitte sehen Sie uns die Standard-Anglizismen nach. Also schon mal »Sorry!« hierfür ☺.

1.1.1 Definition

Um das Thema besser eingrenzen zu können, müssen wir durch die theoretische Mühle und eine Definition festzurren. Es gibt bereits zahlreiche Definitionen von Content Marketing.

Für **Joe Pulizzi**, den Gründer des Content Marketing Institute (CMI), ist Content Marketing ein strategischer Marketing-Ansatz, um wertvolle, relevante und konsistente Inhalte zu produzieren und zu distribuieren, um die klar definierte Zielgruppe sowohl zu finden als auch zu binden – und um letztendlich Handlungen auf Kundenseite auszulösen, die Profit bedeuten:

> *»Content Marketing is a strategic marketing approach focused on creating and distributing valuable, relevant, and consistent content to attract and retain a clearly-defined audience – and, ultimately, to drive profitable customer action.«*

Michael Brenner, CEO der Marketing Insider Group, definiert Content Marketing als das Ausliefern aller Inhalte, die vom Publikum nachgefragt werden, an alle Stellen, an denen danach gesucht wird. Brenner versteht Content Marketing zudem als effektive Kombination von produzierten, kuratierten[1] und syndizierten[2] Inhalten:

>*Content Marketing is about delivering the content your audience is seeking in all the places they are searching for it. It is the effective combination of created, curated and syndicated content.*«

Bruce Rogers, vom Forbes Magazin, definiert Content Marketing als das Produzieren und Distribuieren bedeutender Erkenntnisse, Perspektiven und Best Practices, die wertvoll für eine bestimmte Zielgruppe sind. Als relevante Ziele stuft er die Kundenbindung, Kundenentwicklung und Akquise hochwertiger Neukunden ein.

>*Content Marketing can be defined as the creation and distribution of meaningful insights, perspectives, and best practices that are valuable to a specific audience. The aim is to retain existing clients including doing more business with them and to attract new high-quality clients.*«

Seth Godin, Autor der Marketing-Bestseller »Free Prize« und »Unleashing the Ideavirus«, nennt Content Marketing provokativ die einzige Form des Marketings, die noch übrig ist:

>*Content Marketing is all the marketing that's left.*«

Wir definieren Content Marketing eng angelehnt an Pulizzi und Rogers:

>*Content Marketing ist eine Marketing-Strategie auf der Meta-Ebene, um die Zielgruppe innerhalb der gesamten Customer Journey mit relevanten Informationen anzusprechen, um daraus einen geschäftlichen Vorteil zu erzielen.*

---

1 Content Curation oder auch die Kuratierung von Inhalten ist ein Prozess, in dem Informationen zu einem bestimmten Thema (maschinell) gesammelt werden.
2 Syndicated Content ist grob übersetzt die mehrfache Verwendung von Inhalten.

Sehen wir uns nun die Entwicklung des »Webs« an, denn hier liegen die Gründe, warum Content Marketing so wichtig wird. Ein entscheidender Faktor für das Content Marketing ist der Schritt der Suchmaschinen in Richtung semantisches Web.

1.1.2 Semantisches Web und Inhalte für Maschinen

Auf das **Klassische Web**, begründet durch den Physiker und Informatiker Tim Berners-Lee, folgte das Web 2.0, auch **Soziales Web** genannt. Im Web 2.0 ist es für den einzelnen Nutzer sehr viel einfacher geworden, vom reinen Inhaltkonsumenten in die Rolle eines »Prosumenten« zu wechseln, der Inhalte aktiv teilt, kommentiert oder bewertet. Aktuell geht die Entwicklung hin zum **Semantischen Web**, mitunter bereits Web 3.0 genannt. Im semantischen Web machen Maschinen Kontext-basiert untereinander aus, welche in Webdokumenten hinterlegten Inhalte für welche Nutzer verwertet werden sollen. Die Maschinen greifen dazu auf strukturierte Daten zurück. Einige Web-Protagonisten sprechen daher lieber vom **Web of Data**.

Suchmaschinen wie Google spielen im Web of Data eine große Rolle. Um ihren Zweck bestmöglich zu erfüllen, müssen sie entscheiden, welche Inhalte die Suchintention des Users bestmöglich abdecken. Im semantischen Web werden dazu zusammenhängende Begriffe zunehmend zu sogenannten »Entitäten« verknüpft, die den Kontext abbilden, in dem der Begriff einen Sinn erhält. So lernen die Suchmaschinen immer besser mit doppeldeutigen Begriffen umzugehen, wie etwa »Jordan« – der Begriff kann für das Interesse an einer beliebten Basketballschuh-Linie eines US-Herstellers, an einem ausnehmend erfolgreichen Ex-NBA-Basketballspieler oder an einem geschichtsträchtigen Fluss in Asien stehen.

Um passende Antworten auf Suchanfragen ausliefern zu können, benötigen die Suchmaschinen auslesbare Inhalte. Wer erfolgreiches Content Marketing betreiben möchte, muss daher nicht nur relevante Inhalte für die Zielgruppe erstellen, sondern auch dafür sorgen, dass Nutzer sie in dem Moment korrekt ausgespielt bekommen, in dem sie exakt danach suchen. Content Marketing erhält durch die Entwicklung des semantischen Webs einen Schub, weil die Maschinen zunehmend lernen, den Kontext von Informationen ebenso intelligent zu erfassen wie Menschen. Wer seinen Kunden zuliebe um die korrekte Darstellung (und Auszeichnung) von Kontextinformationen bemüht ist, sollte im semantischen Web also belohnt werden. »Thin Content«, also Inhalt, der zusammenhangslos, repetitiv ohne semantischen Kontext feilgeboten wird, erhält dagegen zunehmend maschinelle »Abstrafungen«. Content Marketing löst sich daher von generischen Inhalten und erschließt Themen sowohl im Sinn der Nutzer als auch im Wissen um die steigende maschinelle Intelligenz.

1.1.3 Abgrenzung zum klassischen Marketing

Um Content Marketing vom **Klassischen Marketing** abgrenzen zu können, müssen wir zunächst die Entwicklung des Marketings betrachten.

Den Ursprung hatte das Marketing zur Zeit der amerikanischen Industrialisierung um das Jahr 1890 mit Informationen und Werbung, die den Konsumenten in die nähere Betrachtung nahmen. Das klassische oder auch traditionelle Marketing hat überwiegend den Fokus, den Nutzer durch One-to-Many-Kommunikation über verschiedene Kanäle zu erreichen. Die Kanäle, die Sie in Abbildung 1.3 sehen, waren hierfür vorgesehen.

Im Jahre 1994 ergänzte das **Online-Marketing** das klassische Marketing, als am 27. Oktober die Banner-Werbung von AT&T auf Hotwired.com geschaltet wurde. Um das Jahr 2003 kam dann das Web 2.0 hinzu, als die sozialen Medien die klassischen Medien ergänzten. Plattformen wie MySpace, LinkedIn, Facebook in 2004, YouTube in 2005, Twitter in 2006 sowie Tumblr in 2007 sorgten dafür, dass Nutzer einen Rücksprachkanal erhielten und offen ihre Meinung kommunizieren konnten. Hier konnten einige Pioniere durch das **Social-Media-Marketing** in die Many-to-Many-Kommunikation eintreten und sich auch der Viralität der sozialen Medien bedienen (**Viral-Marketing**).

Insbesondere mit Eintritt des Social-Media-Marketings wurde es für Unternehmen schwerer, durch einfache One-to-Many-Kommunikation unternehmerische Erfolge zu verzeichnen, womit die Ära des klassischen Marketings als beendet erklärt werden sollte.

Das **Content Marketing** hatte seine ersten Gehversuche im Jahre 1895 (zur Industrialisierung), als John Deere das Magazin »The Furrow« veröffentlichte. Hier ging es darum, den Bauern Tipps zu geben, wie sie profitabler wirtschaften können. Das Magazin gibt es immer noch in 40 Ländern mit einer Reichweite von ca. 1,5 Mio. Interessenten. Es gilt als Startschuss sowohl für das Content Marketing also auch für das Corporate-Publishing. Im Jahre 1900 startete der Guide Michelin, in dem französische Autofahrer Tipps für Hotels und Restaurant-Kritiken erhielten. Der Michelin-Guide ist heute einer der anerkanntesten Hotel- und Restaurantführer.

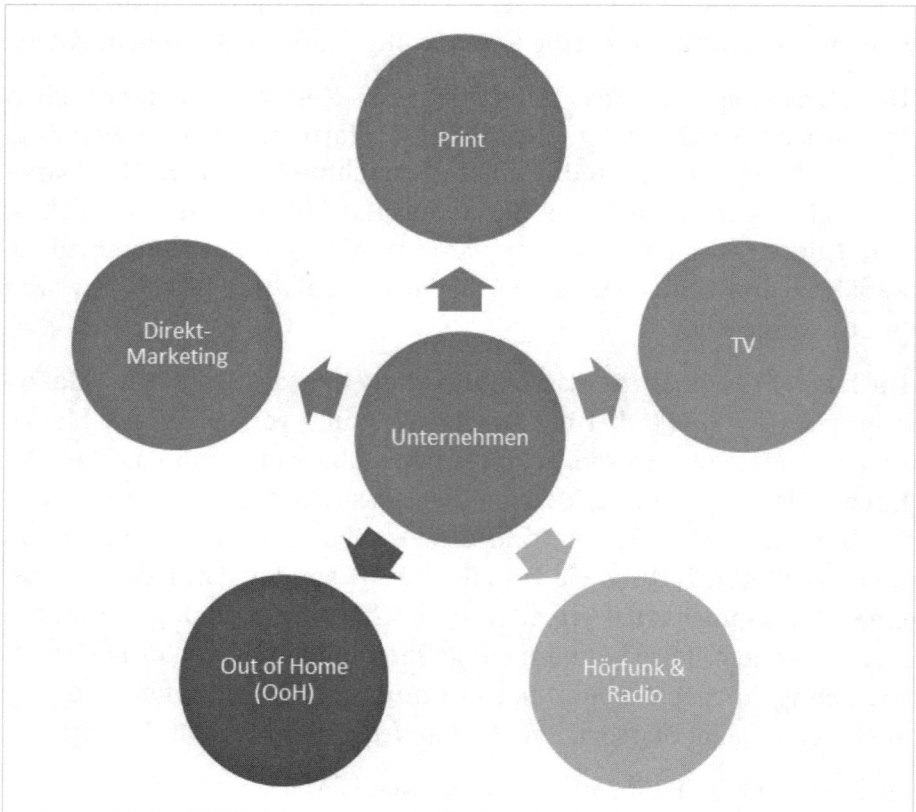

Abb. 1.3: Klassisches Marketing (Outbound)

Mit der Digitalisierung und der Sozialisierung tauchte das Content Marketing in einer an die technologischen Möglichkeiten angepassten Form wieder auf. 1999 erlangte das Computerspiel »Moorhuhn« eine Viralität, das vom Whiskyhersteller Johnnie Walker lanciert wurde, dessen Marken-Motivwelt sich im Hintergrund des Spielgeschehens wiederfand. Hier haben wir bereits das erste Beispiel von misslungenem Content Marketing, da kaum jemand Notiz davon nahm, dass das Spiel von Johnnie Walker war. 2007 hat dann die Firma Blendtec mit der YouTube-Video-Serie »Will-it-Blend?« das Content-Marketing-Moorhuhn abgeschossen und mit Video-Inhalten eine 700%ige Verkaufserlös-Steigerung[3] erzielen können. Die Blendtec-Videoreihe lässt sich von der Definition her sicher auch als Social-Media-Marketing einordnen.

Die historischen Beispiele zeigen, wie mit Content Marketing häufig auf sehr hilfreiche Art einem echten Bedürfnis der Zielgruppe entsprochen wird, das mit dem eigenen Produktangebot in einer engen Beziehung steht: Lange Reisen zu guten Hotels und edlen Restaurants stehen im Zusammenhang mit qualitativ hochwertigen Reifen (Michelin), Tipps für effiziente Landwirtschaft passen zu hochwertigen Traktoren, die ihren hohen Kaufpreis durch Leistung im alltäglichen Einsatz zurückspielen sollen.

Das Beispiel Blendtec verdeutlicht, wie Inhalte mit hohem Unterhaltungswert im Content Marketing für eine möglichst breite Zielgruppenansprache verwendet werden können, um die Marke mit hohem Sympathiewert aufzuladen und im Gedächtnis von Konsumenten zu verankern. Gute Unterhaltung ist ein latentes Bedürfnis sehr vieler Nutzer, das auf vielfältige Arten bedient werden kann.

Die Beispiele markieren darüber hinaus wichtige Unterschiede zur klassischen Werbung. Diese wurde (zum Beispiel als 30-Sekunden-TV-Spot) sehr häufig in der Markenbildung zur Sympathiegenerierung eingesetzt, aber auch, um die Nutzer unmittelbar zum Produktkauf zu verführen. Das Adressieren von konkreten Informationsbedürfnissen im Kontext von Kaufentscheidungen kam dabei in aller Regel zu kurz.

---

3   SociaLens.com (http://www.socialens.com/wp-content/uploads/2009/
    04/20090127_case_blendtec11.pdf, 8.5.2016)

Unterhaltsamen Werbespots in TV und Radio fehlt die Möglichkeit, neue Nutzer als Kanal-Abonnenten zu gewinnen, deren Feedback und Interaktion aufzugreifen und virale Effekte zu erzielen. Hinzu kommt: Viele Nutzer kaufen den werbenden Unternehmen nach herkömmlichem Muster gestrickte Botschaften schlichtweg nicht mehr ab.

Content Marketing erleichtert es Unternehmen, relevante Inhalte zu identifizieren und verteilt über die gesamte Customer Journey auf verschiedenen, miteinander verbundenen Plattformen (cross-medial) abzubilden. Es etabliert sich dabei als **Nutzerzentriertes Marketing**, das den Konsumenten in den Mittelpunkt aller Marketing-Maßnahmen rückt. Diese Evolutionsstufe im Marketing kann auch als Many-to-One-Kommunikation bezeichnet werden.

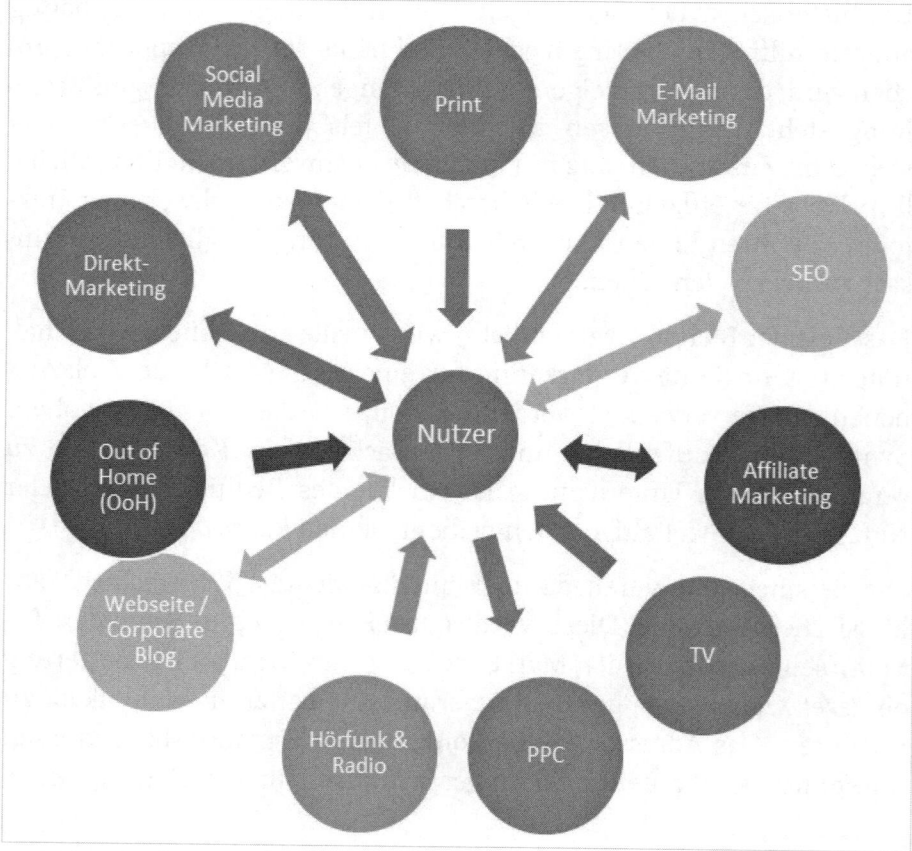

Abb. 1.4: Nutzerzentriertes Marketing mit Wechselwirkungen

Für Ihr Unternehmen heißt es jetzt, die verschiedenen Kanäle mit stringenten und relevanten Inhalten innerhalb der Customer Journey zu versehen und mit der Zielgruppe zu kommunizieren und zu interagieren. Das gelingt durch eine gut ausgearbeitete Content-Marketing-Strategie.

2

Content-Marketing-Strategie

Ihre Inhalte können nur funktionieren, wenn dahinter ein ausgefeilter Plan steckt. Der wichtigste Plan für das Content Marketing, sozusagen der Masterplan, ist Ihre Content-Marketing-Strategie.

Eine Grundvoraussetzung für eine Content-Marketing-Strategie ist **Zielorientierung**: Sie bestimmen ausgehend von Ihren Online-Marketing-Zielen (Objectives) die Teilziele oder Key-Performance-Indikatoren (KPI), die Sie über Content Marketing beeinflussen möchten. Die Strategie bereitet somit auch die Messbarkeit Ihres Content-Marketing-Erfolgs vor.

Das Ergebnis einer guten Content-Marketing-Strategie ist eine sinnvolle **Fokussierung**: Sie müssen aus den vielfältigen Optionen bestehend aus Themen, Formaten und Distributions-Plattformen (Hubs) geeignete Kombinationen ableiten. Dazu müssen Sie einerseits die Stärken und Schwächen Ihrer Content-Wettbewerber mit den eigenen vergleichen und andererseits die Bedürfnisse und das Mediennutzungsverhalten Ihrer **Zielgruppen** studieren.

2.1 Zielorientierung

Das MOST-System (MOST als Akronym für **M**ission-**O**bjectives-**S**trategy-**T**actics) dient als universelle Hilfestellung, um alle möglichen Maßnahmen aus Unternehmenszielen abzuleiten. Es lässt sich ebenso gut für die Herleitung einer Content-Marketing-Strategie verwenden. Abbildung 2.1 illustriert das System.

Abb. 2.1: MOST-Pyramide für Unternehmen

2.1.1 Content Mission

Große Markenunternehmen haben häufig eine Mission oder ein Leitmotiv, das allem Handeln einen Sinn gibt. Dieser Sinn geht über ökonomische Ziele hinaus. Ein bekannteres Beispiel ist der Spielwarenkonzern LEGO® mit der Mission »Inspiring the builders of tomorrow«. Diese Mission formuliert den strategischen Auftrag: Der Spielwaren-Riese möchte einem jungen Publikum dabei helfen, kreativ aktiv zu werden und sich weiterzuentwickeln.

Dieses Leitmotiv ist nicht nur hilfreich für die Produktentwicklung, sondern eignet sich auch als Content Mission, die vorgibt, welche Bedürfnisse der jungen Zielgruppen adressiert werden sollen. In diesem Fall geht es um das natürlich vorhandene Interesse am Spielen, das inspiriert und damit geweckt werden soll.

Der Spielwarenhersteller übersetzt diese Content Mission beispielsweise in kreativen Bauanleitungen und Geschichten von großen und kleinen Helden, die sich in den Spielwelten der jeweiligen LEGO®-Sortimente abspielen. Mal ist der Kontext das Leben in der Stadt oder auf dem Land, mal sind es Weltraumabenteuer oder Elfen-Träume.

Klar, dass die Content-Typen Video und Bild eine große Rolle für LEGO® spielen – die »builders of tomorrow« können Bildinhalte schnell erfassen, noch ehe sie lesen lernen, und sind zudem häufig auf Plattformen wie YouTube unterwegs, die einen Schwerpunkt auf Bildinhalte legen.

Das Beispiel LEGO® zeigt also, wie eine relativ simpel formulierte, aber weit gedachte Content Mission einen guten Leitfaden für alle Beteiligten am Content-Marketing-Prozess liefern kann.

Fragen Sie sich daher noch, bevor Sie an konkrete Marketingziele denken:

- Wofür steht mein Unternehmen bzw. welche übergreifende Idee treibt uns täglich an?
- Welche Bedürfnisse meiner Zielgruppen liegen mir besonders am Herzen?
- Welchen Beitrag können meine Inhalte zur Befriedigung dieser Bedürfnisse leisten?

In Ihren Antworten auf diese Fragen liegt der Schlüssel zur Content Mission und damit zum obersten Leitfaden für Ihr gesamtes Content Marketing.

Alternativ zur Content Mission können Sie an Ihre Unique Selling Propositions (USP) denken. Die Fragen lauten dann:

- Was unterscheidet mein Unternehmen von den strategischen Wettbewerbern?
- Was unterscheidet die Produkte meines Unternehmens von jenen der strategischen Wettbewerber?

Die USP auf Unternehmens- und Produkt-Ebene sind häufig geeignet, um auch eine erste Orientierung für Ihr Content Marketing zu geben.

2.1.2 Ziele und KPI

Ebenso wichtig wie das Festhalten von USP oder die Formulierung einer Content Mission ist die Definition eines strategischen Ziels. »Strategisch« sind Ziele, die sich nur über einen längeren Zeitraum hinweg erreichen lassen und grundsätzlich mehrere Optionen eröffnen, wie sie erreicht werden können.

Beispiele für strategische Ziele (Objectives), die sich mithilfe von Content Marketing erreichen lassen:

- **Kundenakquise:** Erschließen Sie neue Zielgruppen, z.B. »Millennials« oder »Young Professionals« für Ihr Online-Portal, indem Sie fokussierten Content produzieren und auf den von Ihrem neuen Publikum bevorzugten Kanälen ausspielen.
- **Positionierung:** Positionieren Sie sich als Ratgeber für den effizienten Umgang mit Produkten oder als Experte für bestimmte Dienstleistungen, indem Sie einschlägigen Content dazu aufbauen und über geeignete Kanäle distribuieren.
- **Kundenbindung:** Kreieren Sie für Ihre bestehenden Kunden relevante Inhalte, um ihnen gute Gründe zu liefern, auf Ihr Portal zurückzukehren.

Dies sind einige besonders häufig gewählte strategische Ziele im Content Marketing. Überlegen Sie und definieren Sie für Ihre Firma Ihr eigenes strategisches Ziel und halten Sie es schriftlich fest.

Je nachdem, für welches Ziel Sie sich entscheiden, werden Sie unterschiedliche Key-Performance-Indikatoren finden, die mit diesen Zielen korrespondieren. Hier eine Liste beispielhafter, messbarer KPI für die verschiedenen Teilziele:

- KPI für Kundenakquise:
  - New Visitors (Anzahl neue Webseiten-Besucher) bezogen auf einen bestimmten Zeitraum und Kanal (z.B. Search)
  - New Visitors bezogen auf einen bestimmten Zeitraum und Content-Hub (Webseiten-Bereich)
  - Anzahl der Seitenaufrufe pro New Visitor (Pages/Visit)
  - Event-Tracking für Ereignisse wie etwa Klicks auf bestimmte weiterführende Links oder Neuanmeldungen für einen Newsletter
- KPI für Positionierung:
  - Unique Visitors (Anzahl der unterscheidbaren Nutzer) bezogen auf einen bestimmten Zeitraum und Content-Hub
  - Social Signals wie Shares, Likes und Nutzerkommentare für einzelne Artikel oder Content-Elemente
  - Backlinks für den Content-Hub mit den positionierenden Inhalten
  - Anzahl der Downloads für bestimmte Content-Elemente
- KPI für Kundenbindung:
  - Returning Visitors (Anzahl der wiederkehrenden Webseiten-Besucher) bezogen auf einen bestimmten Zeitraum und Kanal (z.B. E-Mail)
  - Returning Visitors bezogen auf einen bestimmten Zeitraum und einen bestimmten Content-Hub
  - Anzahl der Seitenaufrufe pro Returning Visitor (Pages / Visit)
  - Bounce Rate (Absprungrate) und Time on Site (Verweildauer) für bestimmte Content-Hubs

Übung: KPIs für Ihr strategisches Ziel erstellen

Stellen Sie die für Ihr strategisches Ziel geeigneten KPI zusammen und halten Sie sie schriftlich fest. Messen Sie jeweils vor der Planung neuer Maßnahmen, an welchem Punkt Sie heute stehen. Formulieren Sie dann eine Größenordnung für die Veränderung, die Sie durch Ihre Content Marketing-Maßnahmen erzielen wollen. Halten Sie außerdem fest, in welchem Zeitraum diese Veränderung erreicht werden soll.

Um die KPI messen zu können, müssen Sie mithilfe von Analytics-Tools ein Monitoring-Setup sicherstellen. Wie das geht, behandelt Kapitel 7, »Content-Marketing-Analytics«.

Vor der Strategie-Entwicklung: Zwei Fragen beantworten

Je nachdem, wie Ihr strategisches Ziel und Ihre damit korrespondierenden KPI lauten, wird Ihre Content-Marketing-Strategie anders ausfallen. Eine Content-Marketing-Strategie ohne Ziele ist nicht möglich.

Fragen Sie sich daher unbedingt, ehe Sie darüber nachdenken, Content zu planen und zu produzieren:

- Was sind meine Marketingziele für die nächsten sechs bis zwölf Monate?
- Welchen Beitrag soll Content Marketing zur Zielerreichung leisten?

2.2 Strategieentwicklung

Wenn Ihre Ziele formuliert sind, können Sie mit den Hausaufgaben beginnen. Mit »Hausaufgaben« ist die eigentliche Entwicklung der Content-Strategie gemeint. Die Strategie-Entwicklung im Content Marketing greift weitgehend auf etablierte Methoden zurück, die für den Zweck adaptiert werden. Wir haben für den gesamten Prozess der

Strategieentwicklung im Content Marketing ein 5-Stufen-System aufgestellt.

Abb. 2.2: Content-Marketing-Strategie-Prozess

Sehen wir uns in den folgenden Abschnitten eine der gängigsten
Methoden in der Strategieentwicklung an, die SWOT-Analyse, und
wenden sie auf Content Marketing an.

SWOT

Mithilfe der SWOT-Analyse wollen Unternehmen ihre gegenwärtige
Position im Verhältnis zum Wettbewerb/Markt bestimmen und eine
Strategie entwickeln. SWOT ist ein Akronym für **S**trength (Stärken),
Weaknesses (Schwächen), **O**pportunities (Chancen) und **T**hreats (Risi-

ken), wobei die beiden ersten Punkte die Mikro-Analyse sind und die beiden letzten Punkte die Makro-Analyse.

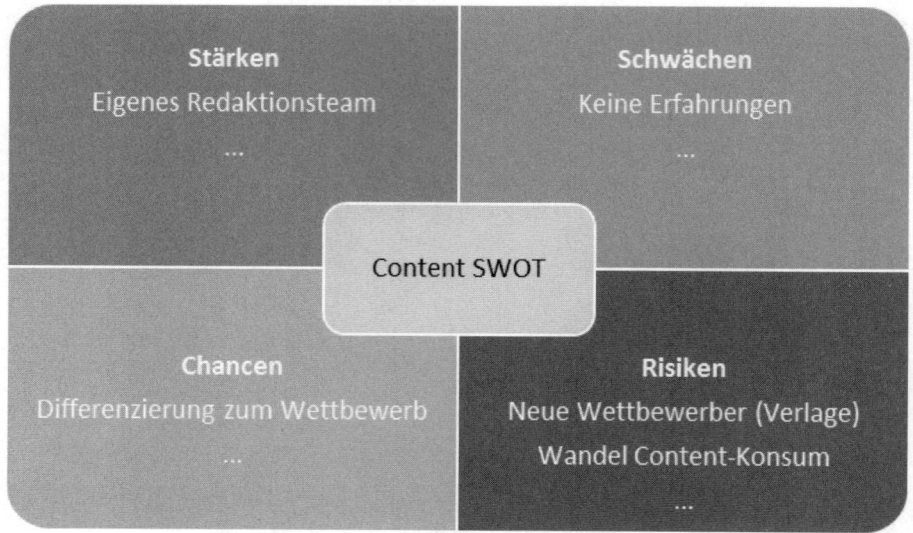

Abb. 2.3: Eigenes Beispiel für eine SWOT Analyse, adaptiert für Content Marketing

SWOT-Analysen sollten immer bezogen auf ein Ziel erstellt werden, sich also an einem gewünschten **SOLL-Zustand** orientieren.

Zudem ist es wichtig, klar zu unterscheiden zwischen der Mikro-Ebene (interne Faktoren: Welche Kompetenzfelder oder Entwicklungen steuere ich selbst?) und der Makro-Ebene (externe Faktoren: Wohin bewegt sich der Markt, d.h. Regularien, Konsumenten/Nutzer und Wettbewerber?).

Der Mehrwert einer SWOT-Analyse entsteht im zweiten Schritt, der auf die Analyse folgt: Durch die Gegenüberstellung der festgestellten **Stärken** und **Schwächen** sowie **Chancen** und **Risiken** lassen sich zum einen Kernkompetenzen oder Unique Selling Propositions identifizieren (**USP**) und zum anderen Bereiche, die gestärkt, konsolidiert, vernachlässigt oder zurückgefahren werden sollten.

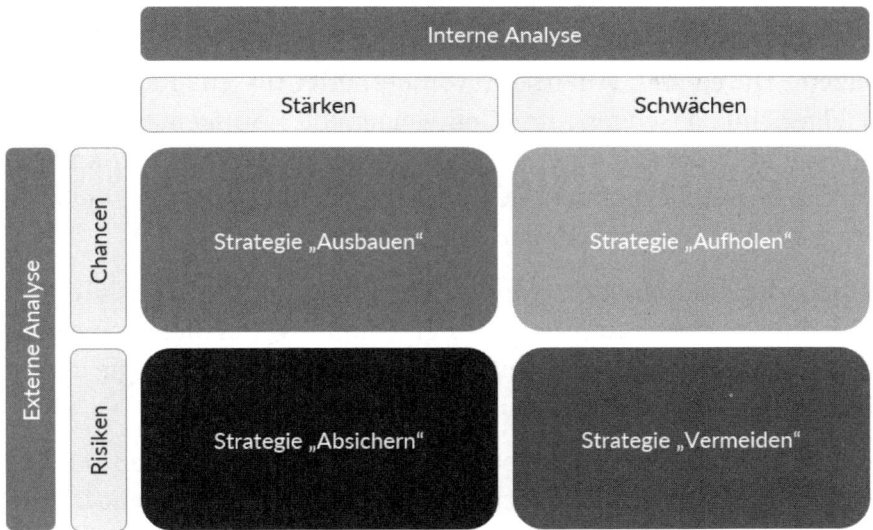

Abb. 2.4: Definition der Kernkompetenzen und strategischen Erfolgsfaktoren

Anwendung auf Content Marketing

Ein einfaches, bewusst im kleinen Maßstab gehaltenes Beispiel zeigt, welche wichtigen Erkenntnisse in einer SWOT-Analyse für das Aufstellen einer Content-Marketing-Strategie ans Licht kommen können:

Ein Online-Fachhändler für Flaschenweine möchte Kunden stärker an sein Portal binden und neue Kunden gewinnen (**SOLL-Zustand**). Er stellt fest, dass diese häufig nach Ratschlägen suchen, welchen Wein sie zu welchem Essen kombinieren können (**Chance**). Für den Aufbau eines entsprechenden Content-Angebots steht aber intern keine ausreichende (z.B. redaktionelle) Ressource zur Verfügung (**Schwäche**).

Die weitere Analyse ergibt, dass etliche andere Online-Publisher und Blogger bereits hilfreiche Texte zur Frage produziert haben, welcher Wein am besten zu welchem Essen passt (**Risiko**). Der Online-Weinhändler verfügt aber über ein eigenes, geschultes SEO-Team, das erfolgversprechende Lücken bzw. Ranking-Potenziale identifizieren kann (**Stärke**).

Aus der gegenüberstellenden SWOT-Analyse und einer internen Abstimmung dazu entsteht die Idee, sich vom Content-Wettbewerb nicht nur durch den Einkauf suchmaschinenoptimierter Texte durch das In-house-SEO-Team, sondern auch durch eine Online-Applikation abzu-setzen. Durch das Anklicken vordefinierter Essens-Kategorien wie Wildgerichte, Fischgerichte, Geflügelgerichte, Suppen und Eintöpfe etc. soll automatisch eine Selektion an geeigneten Weinen angezeigt werden. Zusätzlich kann der Online-Kunde einen Preisfilter einstellen, um passende Weine zu finden.

Durch die Kombination von suchmaschinenoptimiertem Text und interaktiver Anwendung schafft der Online-Weinhändler einen **Content-USP** und hohe Nutzer-Interaktionsraten. Diese Strategie lässt ihn im Wettbewerbsumfeld herausragen.

Um das neue Content-Angebot unter bestehenden Kunden publik zu machen, sorgt der Online-Fachhändler selbst für die Content-Distribution: Er informiert seine Facebook-Fans durch einen schön illustrierten, kurz und knackig getexteten Post und seine registrierten Nutzer per E-Mail-News-Update.

Um den Erfolg zu kontrollieren, beobachtet der Online-Weinhändler die Entwicklung seiner Suchmaschinen-Rankings zu Suchtermen wie »Wein zu Wild« und »Wein zu Geflügel«. Er beobachtet zudem den Nutzerstrom (Traffic), der über diese Keywords auf seinem Portal landet. Darüber hinaus achtet er auf die Öffnungsrate der verschickten E-Mails und die darüber generierten Returning Visitors.

Checkliste: Mindestanforderung an die Content-SWOT

- Habe ich ein Online-Marketing-Ziel, d.h. einen SOLL-Zustand definiert?
- Habe ich dieses Ziel in Key-Performance-Indikatoren (KPI) über-setzt, anhand derer ich feststellen kann, ob ich das Ziel erreichen werde?
- Verfolge ich kein kurzfristiges Abverkaufsziel, sondern möchte ich mittel- bis längerfristig etwas an der Kundenbeziehung positiv verändern?

- Habe ich erste analytische Erkenntnisse dazu, dass ich durch das gezielte Setzen von Themen und Online-Inhalten auf diese Kundenbeziehung einwirken kann (z.B. Ergebnis einer Kundenumfrage, Hinweise aus der Sales-Abteilung oder Beobachten der Wettbewerber-Webseiten)?
- Kann ich ein Basis-Set an Wettbewerbern im Online-Umfeld benennen, um mit der Analyse zu starten?

Alternativen zur SWOT-Analyse

Es gibt weitere etablierte Analysemethoden zur Strategie-Entwicklung, wie etwa Portfolio-Analysen (u.a. BCG-Matrix[1]), die Wertschöpfungsketten-Analyse nach Porter oder auch GAP-Analysen. Diese kommen jedoch aus unserer Sicht nicht an die SOLL-IST-Analyse der SWOT heran. Daher lautet unsere Empfehlung, bei der SWOT-Analyse zu bleiben.

2.2.1 Marktanalyse

Der erste Schritt einer Content-Marketing-Strategie und folglich auch der erste Schritt zur Erstellung einer Content-SWOT ist die Analyse des für Sie relevanten Marktumfelds. Hier lautet das primäre Ziel, die IST-Situation zu bestimmen, um Herausforderungen frühzeitig zu erkennen. Zudem können wir eine gute Übersicht über Konkurrenten und Kundenwünsche erlangen.

Eine wichtige Erkenntnis vorweg: Im Content Marketing geht unser Konkurrenzumfeld häufig über die direkten Wettbewerber in unserer Branche hinaus. Der Grund ist, dass es im Web für alle Arten von Subjekten (Personen und Unternehmen) möglich ist, zur Autorität für bestimmte Themen aufzusteigen.

Einzelpersonen wie Blogger konkurrieren mit Medienmarken und Konsummarken, die eigenen redaktionellen Content aufgebaut haben. Wenn wir also als Teilstrategie bestimmte Themenfelder besetzen

---

1   Boston-Consulting-Group

müssen, haben wir es mit einem erweiterten Wettbewerbsumfeld zu tun, das viele Online-Content-Publisher umfasst.

Besonders schnell lässt sich der Content-Wettbewerb im Umfeld der organischen Suche abschätzen. Dazu genügt es, relevante und möglichst umfassende Keywords für das eigene Angebot in das Google-Suchfenster einzutragen und sich die Suchergebnisseiten anzusehen. Nehmen wir als Beispiel den Suchbegriff »Content Marketing« und google.de als Sucheingabemaske. Für eine Content-Marketing-Agentur wäre es der zentrale Begriff.

Per Aufruf im November 2016 korrespondieren 51 Millionen Suchergebnisse mit diesem Begriff. Mehrere Anbieter haben eine AdWords-Anzeige auf den Begriff geschaltet und dominieren somit die sichtbaren Ergebnisse. Anschließend fügt Google via Wikipedia eine Definition des Begriffs als »hervorgehobenes Snippet« ein – ein Hinweis darauf, dass die Suchmaschine die Intention der Suche hier als eine Informationsanfrage einstuft, die am besten mit einer Definition des Begriffs zu beantworten ist. Darauf folgen organische Suchergebnisse, die sich ebenfalls an der Definition des Begriffs abarbeiten.

Was sagt uns das? Wir blicken auf ein hart umkämpftes Thema, für das sich viele Instanzen bereits an möglichen Definitionen abgearbeitet haben, um Top-Platzierungen dafür zu erreichen. Agenturen und Tool-Anbieter warten mit umfassenden Beiträgen auf, die weit über lexikalische Einträge hinausgehen. Wenn wir in diesem Wettbewerb eine Chance haben wollen, müssen wir mindestens ebenso viel Herzblut in unseren Content stecken und die Fragen, die mit der Definition von Content Marketing verbunden sind, ebenso umfassend abdecken. Dabei wird es so sein, dass die umfassende, auf einer Landingpage hinterlegte Definition des Content Marketings lediglich das Tor zu einer weiter verzweigten Wissens- und Ratgeberwelt rund um das Hauptthema sein sollte, um uns in der Online-Suche als glaubwürdige Instanz zum Thema zu positionieren.

Genauere Einblicke in die Stärke einzelner Content-Wettbewerber ermöglicht das Webanalyse-Tool SimilarWeb[2]. Es kann als »Competi-

---

2   https://www.similarweb.com

tive Intelligence«-Tool Webseiten miteinander vergleichen. Interessant an dem Tool ist, dass es Traffic-basiert arbeitet. Das bedeutet, die Wettbewerbssituation wird anhand von Traffic-Kennzahlen für verschiedene Portale ermittelt. So lässt sich zum Beispiel ermitteln, was die wichtigsten Traffic-Quellen verschiedener Wettbewerber sind – z.B. Social Media, die organische Suche oder Partner-Webseiten –, ohne dass dazu Analytics-Daten des Konkurrenten vorliegen.

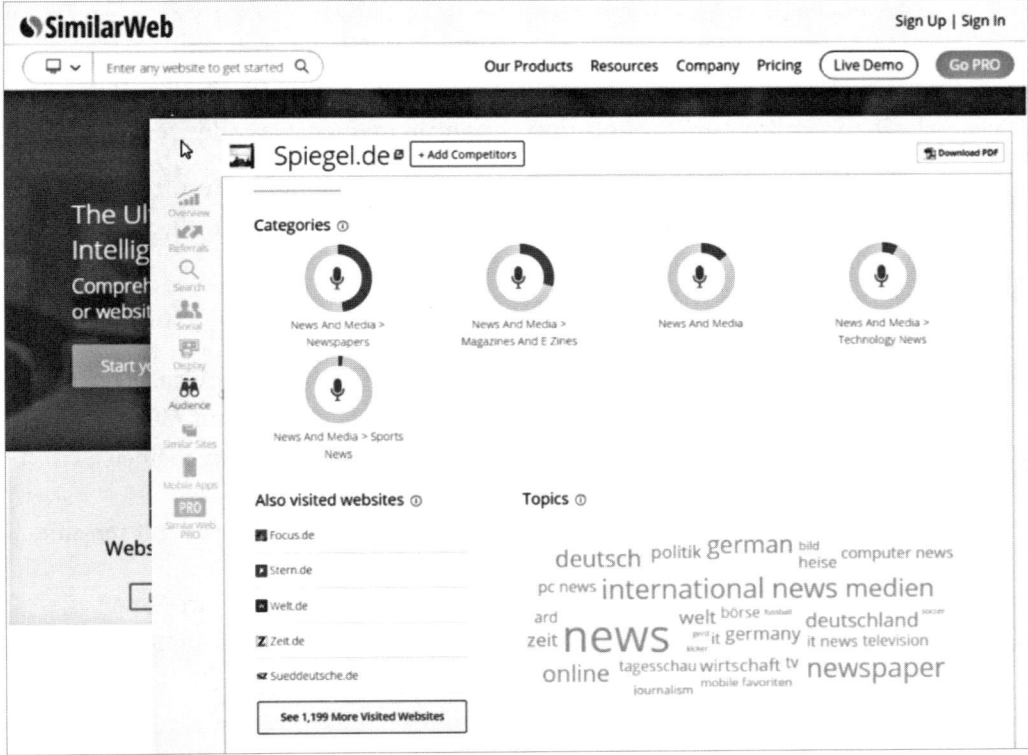

Abb. 2.5: Wettbewerbsanalyse über SimilarWeb

Wer seinen Wettbewerb noch nicht kennt, der erhält Vorschläge für »ähnliche Websites«, die ähnliche Traffic-Strukturen aufweisen. Nachteilig an dem Tool ist, dass es für kleinere Webseiten häufig zu geringe Datenmengen zur Verfügung hat und entsprechend keine sauberen Interpolationen möglich scheinen.[3] Zudem ist die kostenlose Version

---

3 Stand: Mai 2016

nur sehr eingeschränkt nutzbar, sodass die kostenpflichtige Version zu empfehlen ist.

2.2.2 Zielgruppenanalyse

Das eingangs in diesem Kapitel gewählte Beispiel des Online-Weinhändlers verdeutlicht: Content Marketing lebt von der richtigen Interpretation von Nutzerbedürfnissen. Der eingesetzte Content ist auf Nutzerbedürfnisse zugeschnitten. Damit beantwortet sich eine Frage von selbst: Ja, im Content Marketing müssen wir uns mit Zielgruppen auseinandersetzen. Eine Zielgruppe ist die Gesamtheit aller Personen, die wir mit einer Marketingmaßnahme erreichen wollen.

Es gibt im digitalen Marketing unzählige Möglichkeiten, um Näheres über die eigene Zielgruppe herauszufinden. Die nachfolgende Tabelle zählt einige wichtige Möglichkeiten auf.

Datenquelle	Relevante Informationen (Beispiele)
Webanalysen (z.B. Google Analytics)	Wie viele Nutzer gelangen auf meine Seite (Visits)?
	Wie verteilen sich meine aktuellen Nutzer auf Altersgruppen?
	Wie ist das Verhältnis der Geschlechter unter meinen Nutzern?
	Wie interagieren verschiedene Nutzergruppen mit verschiedenen Content-Angeboten?
	Wie hoch ist die Absprungrate je URL (Bounce Rate)?
	Wie hoch ist die Verweildauer je URL (Time on Site)?
	Wie ist das Klickverhalten je URL (CTR)?
Social Analytics	Wie setzen sich Zielgruppen für Themen zusammen, die ich aktuell noch nicht mit einem speziell zugeschnittenen Content-Angebot abdecke?
	Wie ist das Themenspektrum anderer Marken, die diese Zielgruppen derzeit bereits erfolgreich ansprechen?
Sekundärstudien und frei verfügbare Online-Statistiken	Welche Zielgruppen kann ich online auf welchen Kanälen gut erreichen?
	Wie groß ist die Zielgruppe für ein bestimmtes Thema oder ein bestimmtes Produktangebot im Web?
	Wie kaufkräftig sind verschiedene Zielgruppen, die ich online erreichen kann?

Datenquelle	Relevante Informationen (Beispiele)
Foren und (Facebook-) Communitys	Worüber unterhalten sich Teile meiner Zielgruppe? Welche Fragen beschäftigen sie?

Webanalysen

Für die Strategie-Entwicklung im Content Marketing ist zunächst das Feststellen des IST-Zustands interessant. Wir können darüber also eine Antwort auf die Frage erhalten: Welches Zielpublikum erreiche ich (Stand heute) bereits mit meiner Webseite und wofür interessiert es sich?

Ein konkretes Beispiel hierzu aus dem Bereich Do-it-yourself: Ein Baumarkt stellt fest, dass die überwiegende Mehrzahl seiner Online-Nutzer männlich ist und die Altersgruppe der 30- bis 50-jährigen Nutzer dominiert. Dieses Wissen extrahiert das Online-Marketing-Team des Baumarkts mithilfe des Tools Google Analytics. Google Analytics liefert zuverlässig Daten zu allen Nutzern, die das Baumarkt-Portal bereits mindestens einmal besucht haben (siehe Abbildung 2.6).

Als nächsten Schritt analysiert das Online-Marketing-Team des Baumarkts die Interessen der bisher erreichten Nutzer. Auch hierfür hält Google Analytics bereits in der Standardeinstellung einige statistische Auswertungen bereit (siehe Abbildung 2.7).

Diese Stichworte tauchen im Menüpunkt INTERESSEN/ÜBERSICHT unter der Überschrift AFFINITÄTSKATEGORIEN auf:

- Home Decor Enthusiasts
- Do-it-Yourselfers

Diese Stichworte tauchen unter demselben Menüpunkt unter der Überschrift SEGMENT MIT KAUFBEREITEN ZIELGRUPPEN auf:

- Home&Garden
- Autos&Vehicles
- Real Estate

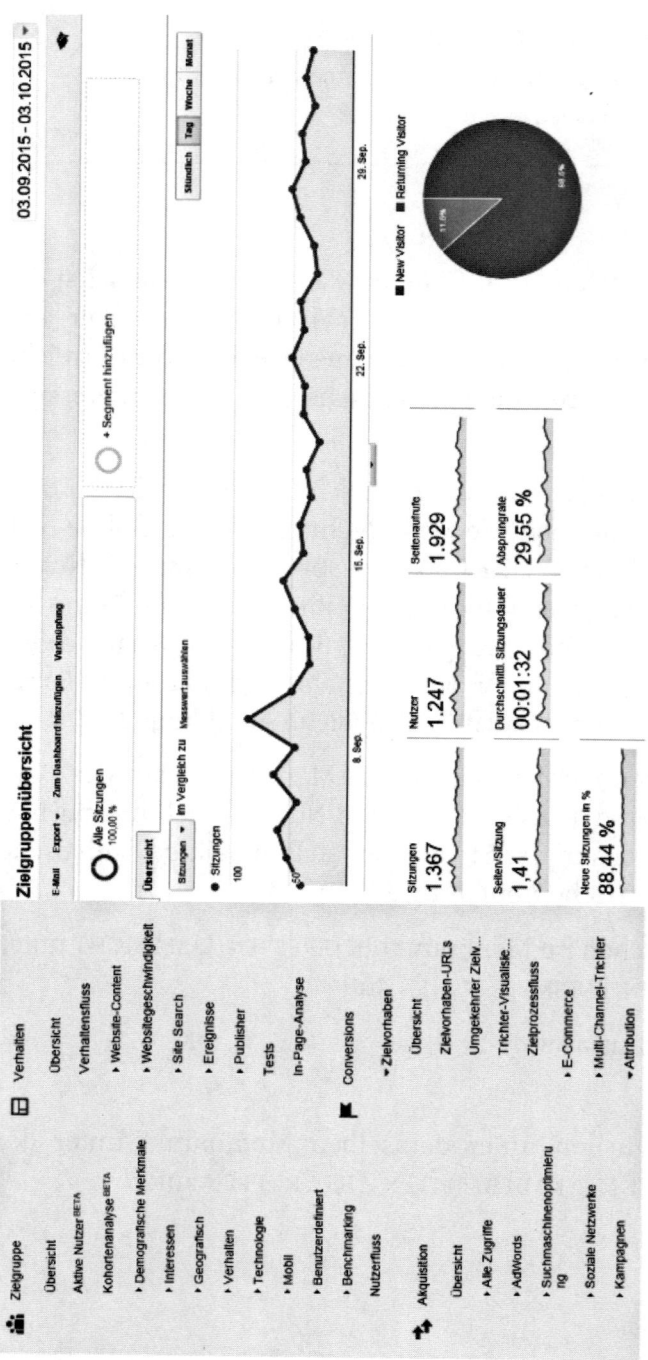

Abb. 2.6: Zielgruppenübersicht über Google Analytics

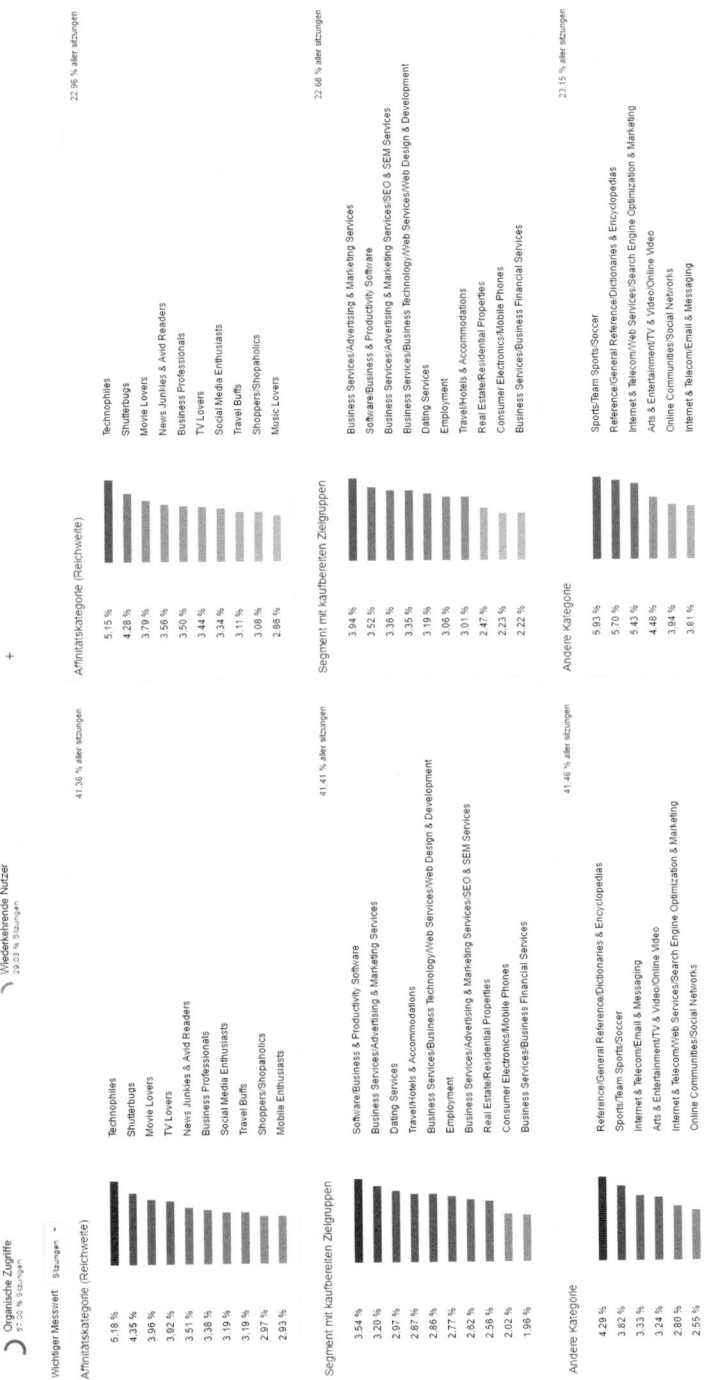

Abb. 2.7: Interessenanalyse in Google Analytics

Die Interessen geben dem Online-Marketing-Team erste Aufschlüsse: Die im Bereich AFFINITÄTSKATEGORIEN aufgelisteten Zielgruppen geben einen Aufschluss über Themen, die für die Nutzer des Portals relevant sind. »Do-it-Yourselfers« umschreibt Nutzer, die gerne handwerklich und im Heimwerken aktiv sind. »Home Decor Enthusiasts« umschreibt eine Gruppe von Nutzern, die sich gerne mit der Dekoration und Verschönerung der eigenen vier Wände beschäftigen.

Die Information lässt sich als Hinweis darauf lesen, dass es sich lohnen könnte, für diese Interessen relevante Ratgeber-Bereiche auf der Webseite anzubieten. Dazu könnten im nächsten Schritt das Suchverhalten und der SEO-Content-Wettbewerb zu diesen Themen näher beleuchtet werden. Wie das geht, verdeutlicht Kapitel 3, »Content-Planung«.

Die im Bereich SEGMENT MIT KAUFBEREITEN ZIELGRUPPEN aufgelisteten Gruppen-Namen beschreiben spezielle Interessen an Produkt-Kategorien. Für den Online-Baumarkt zeigt sich, dass die Interessen über den Bereich Haus und Garten hinausgehen. Auch Nutzer, die sich für Autos und Fahrzeuge sowie Immobilien interessieren, nutzen den Online-Shop.

Diese Information lässt sich beispielsweise nutzen, um die Bildwelten im Shop an diese Nutzergruppen anzupassen und die Produkte nicht nur im Einsatz in Haus und Garten, sondern auch im Kontext von Fahrzeug-Reinigung und -Reparatur darzustellen. Falls noch keine eigene Shop-Kategorie zu diesem Thema existiert, könnte der Online-Baumarkt, angeregt durch die Nutzeranalyse, eine neue Kategorie in der Shop-Navigation wie »Autozubehör und Reinigen« einrichten.

Eine Rückmeldung aus den Ladengeschäften des Baumarkts zeigt, dass der Anteil weiblicher Besucher dort inzwischen höher liegt und zuletzt sogar zugenommen hat. Das Online-Marketing-Team beschließt, dieser Differenz der erreichten Zielgruppen zwischen dem Online-Handel und dem stationären Handel auf die Spur zu gehen.

Das Team folgt der These, dass sich in den stationären Baumärkten ein Trend spiegelt, den das Online-Portal bisher noch nicht abdeckt, weil möglicherweise die Interessen des weiblichen Zielpublikums noch nicht hinreichend abgebildet sind. Es könnte sein, dass Inhalte fehlen, um das weibliche Zielpublikum auch in das Online-Geschäft zu locken.

Um dieser Spur nachzugehen, analysiert das Content-Team des Online-Baumarkts das Nutzerverhalten in Relation zu sämtlichen bisher veröffentlichten Blogbeiträgen. Google Analytics bietet dazu im Menü VERHALTEN die Unter-Kategorie WEBSITECONTENT. Das Content-Team schlüsselt die Seitenaufrufe für den gesamten Blog nach Geschlecht auf. Hier stellt sich heraus, dass 80 Prozent der Blognutzer männlich und 20 Prozent weiblich sind.

Das Content-Team fährt fort und extrahiert jene einzelnen Blogbeiträge, die einen höheren weiblichen Nutzeranteil aufweisen. Es stellt sich heraus, dass beispielsweise Blogbeiträge zu Heimdekoration und Renovieren auch proportional von mehr weiblichen Nutzern gut angenommen werden. Im Zusammenhang mit den Hinweisen aus den Baumärkten fällt daher die Entscheidung, in einer Testphase mehr Content für die weibliche Zielgruppe aufzubauen. Sollte der Test einen Erfolg bringen, könnte die Strategie ausgebaut werden.

Der Funktionsumfang von Google Analytics steigt stetig. Mit der Google Analytics360 Suite steht bereits die nächste Wunderwaffe von Alphabet Inc.[4] in den Startlöchern, die nutzerbasierte Daten (nicht nur Cookie-basiert) umfassender erheben und damit die Zielgruppe viel besser analysieren kann. Hier könnte bei kompletter Marktreife ein wirklich nutzerzentriertes Marketing entstehen, da die technischen Möglichkeiten gegeben sind.

Social Media Analytics

Nachdem wir gelernt haben, wie wir unsere bestehenden Nutzer analysieren können, interessieren wir uns jetzt für die Fragen: Welche Zielgruppen gibt es für Themen, von denen ich noch nicht genau weiß, wie ich sie in mein Content Marketing einfügen und ausgestalten soll?

---

4 Börsennotierte Holding der vormaligen Google Inc.

Eine Annäherung an diese Frage können Social-Media-Analytics-Daten liefern. Denn nicht nur in der Interaktion mit Webseiten hinterlassen Nutzer wertvolle Daten, auch ihre Social-Media-Aktivitäten lassen sich aggregiert analysieren. Ein kostenloses Tool und gleichzeitig einer der größten offenen nutzerbezogenen Datenpools im Netz ist »Facebook Audience Insights«.

Darüber lassen sich viele relevante Aussagen generieren, vor allem wie groß das Zielpublikum für ein bestimmtes Themeninteresse ist und wie es sich demografisch (Alter und Geschlecht) zusammensetzt. Um zu den Audience Insights zu gelangen, müssen Sie bei Facebook eingeloggt sein. Dann führt der Link `https://www.facebook.com/ads/audience_insights` direkt zur Datenbankabfrage.

Übung: Themen für weibliche Zielgruppe eines Baumarkts identifizieren

Bleiben wir für diese Übung beim Beispiel des Online-Baumarkts. Nutzen wir Facebook Audience Insights als Tool für die Übung. Das geht so:

- Geben Sie die URL `https://www.facebook.com/ads/audience_insights` in Ihr Browserfenster ein. Voraussetzung ist, Sie müssen bereits mit einem existierenden Facebook-Profil in dem sozialen Netzwerk angemeldet sein. Wichtig: Unmittelbar nach Anwahl der URL sollte ein Dialogfeld erscheinen, das Sie vor die Wahl stellt, ob Sie nur die mit Ihrem Profil verknüpften Nutzer oder die gesamte Facebook-Gemeinde auswerten wollen. Klicken Sie unbedingt auf die letztgenannte Option!

- Stellen Sie als Erstes im Dialogfeld links oben den ORT auf »Deutschland« ein – das Default-Setting »USA« löschen Sie.

- Lassen Sie die Einstellungen zu ALTER und GESCHLECHT unverändert – damit analysieren Sie alle ab 18-jährigen Frauen und Männer mit einem Facebook-Profil.

- Geben Sie nun unter INTERESSEN die beiden Themen-Stichworte »Heimwerken« und »Gartenarbeit« ein.

Schauen wir uns die Ergebnisse an. Prominent in der rechten Spalte eingeblendet sehen wir zunächst eine Auswertung nach der Größe und Demografie der Zielgruppe auf Facebook.

Verknüpft mit dem Themen-Stichwort »Heimwerken« findet Facebook (Stand November 2016) rund 3,5 Millionen Profile. Wir haben also eine gewaltige Datenbasis rund um diesen Begriff. Unter den Angaben zur Größe der Zielgruppe finden wir die Zusammensetzung nach Alter und Geschlecht. Wir sehen das Bild, das in Abbildung 2.8 gezeigt ist.

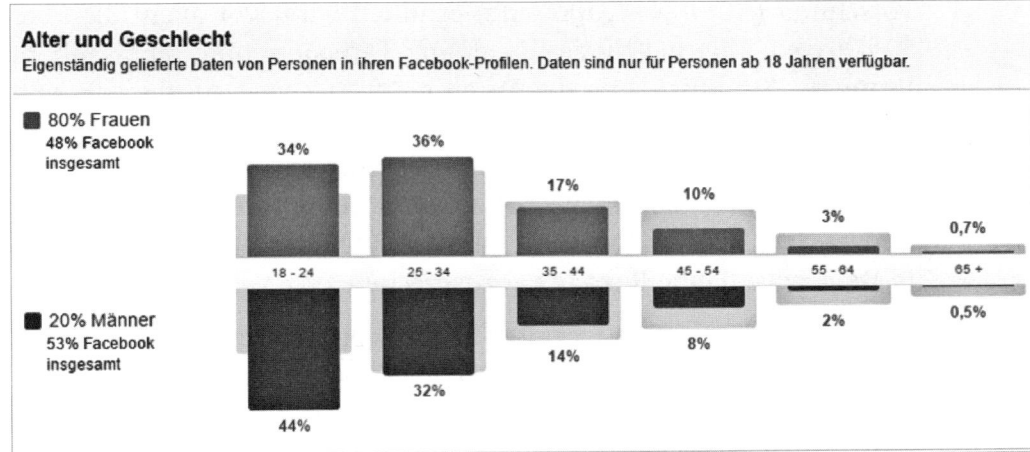

Abb. 2.8: Ergebnis: Geschlecht- und Alters-Verteilung zu »Heimwerken« (Screenshot)

Das Ergebnis mag viele überraschen. Das Facebook-Tool meldet zurück, dass das Interesse »Heimwerken« deutlich stärker in der weiblichen Zielgruppe ausgeprägt ist. Dazu müssen wir uns vergegenwärtigen, dass Facebook die Zahl der messbaren Interaktionen auswertet – also Kommentare, »Gefällt mir«-Klicks auf Markenprofile, geteilte Beiträge und angeklickte Werbeanzeigen. Offenbar ist die weibliche Zielgruppe sehr aktiv rund um Themen, die mit Heimwerken zu tun haben, während die Männer in dem sozialen Netzwerk diesen Themen eher passiv gegenüberstehen.

Für uns als Content-Strategen ist die aus Facebook Audience Insights gewonnene Information zumindest ein klarer Hinweis darauf, dass die weibliche Zielgruppe im Umfeld von Heimwerker-Themen nicht zu vernachlässigen ist. Wir können nun überlegen, wie wir die weibliche Zielgruppe auf Facebook ansprechen und auf unsere eigene Webseite locken können.

Kritisch würdigen können wir die angezeigten Ergebnisse, indem wir uns die Altersverteilung der Internetnutzer in Deutschland vor Augen führen, wie sie beispielsweise von der Arbeitsgemeinschaft Online Forschung (AGO, `www.agof.de`) ermittelt wird. Vor allem die über 50-jährigen Internet-Nutzer sind auf Facebook unterrepräsentiert. Denn zur Strukturierung der Daten greift Facebook auf die von Nutzern selbst in ihren Profilen hinterlegten Angaben zu Alter, Geschlecht und Berufsstand zurück. Auch wenn die Audience Insights nicht mit individuellen, sozialwissenschaftlichen Studien konkurrieren, ist es schwer, dem sozialen Netzwerk mit rund 30 Millionen aktiven Nutzern in Deutschland eine Relevanz abzusprechen.

Wer bereits eine eigene Facebook-Fanpage betreibt und eine statistisch relevante Menge an Nutzern erreicht hat, kann das Publikum noch detaillierter betrachten und erhält über die Funktion STATISTIK auf seiner Facebook-Fanpage zahlreiche Informationen zu den bisher erreichten Nutzern. Facebook zeigt die entsprechenden Daten in einer URL an, in der die Kategorie INSIGHTS enthalten ist. Die Statistik enthält auch Hinweise, aus welchen Ländern und Städten die eigenen Nutzer stammen.

Auch Instagram, LinkedIn, Pinterest und Twitter Analytics bieten kostenlose Zielgruppenanalyse-Möglichkeiten, allerdings nur bezogen auf die eigene Zielgruppe – das heißt auf die Menge jener Nutzer, die wir mit unseren Social-Media-Profilen bereits erreichen.

Sekundäre Marktforschung (Datenbanken und Studien)

Studien und Datenbanken sind eine weitere Möglichkeit, um nähere Informationen zu einer Zielgruppe zu erhalten – häufig finden sich hier auch wertvolle Hinweise auf die Größe und Kaufkraft einer Zielgruppe. Dabei stechen für den deutschen Markt DESTATIS[5] und Statista[6] heraus. DESTATIS liefert Daten des Statistischen Bundesamts, Statista fügt Daten verschiedener Statistik-Quellen zu durchsuchbaren Themenclustern zusammen.

Ausstattung[1] privater Haushalte mit Haushalts- und sonstigen Geräten im Zeitvergleich[2]
Deutschland

Haushalts- und sonstige Geräte	2010	2011	2012	2014	2015
Haushalte insgesamt (1 000)	36 521	36 640	36 701	36 343	36 650
Anteil der Haushalte in % (Ausstattungsgrad)					
Kühlschrank, Kühl- und Gefrierkombination	97,8	99,1	99,4	99,8	99,9
Gefrierschrank, Gefriertruhe	54,0	57,2	57,2	50,8	50,8
Geschirrspülmaschine	65,7	67,0	68,3	68,3	69,5
Mikrowellengerät	72,9	72,0	72,4	72,9	73,3
Waschmaschine	.	95,0	96,0	95,6	93,9
Wäschetrockner (auch im Kombigerät)	39,9	39,7	40,0	40,3	39,5
Kaffeemaschine	.	.	.	84,6	84,6
darunter:					
Filterkaffeemaschine	.	.	.	62,3	61,8
Pad- oder Kapselmaschine	.	.	.	31,7	32,5
Kaffeevollautomat	.	.	.	12,4	13,1
Heimtrainer (z. B. Ergometer, Laufband)	29,7	30,3	28,7	26,0	26,3

Abb. 2.9: DESTATIS-Auswertung über die Ausstattung privater Haushalte mit Haushaltsgeräten im Zeitvergleich

Auf Statista finden sich bereits viele aufbereitete Formate, wie zum Beispiel Infografiken.

---

5   Statistisches Bundesamt: https://www.destatis.de/
6   http://de.statista.com/

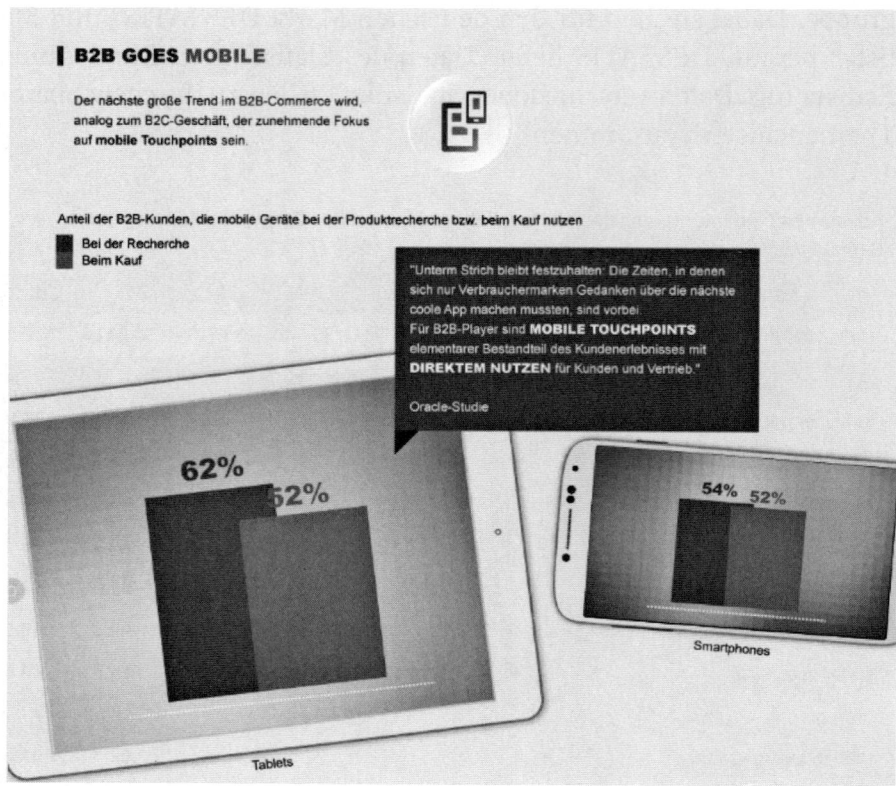

Abb. 2.10: Statista-Infografik über E-Commerce-Trends (`https://de.statista.com/infografik/4080/b2b-e-commerce-trends/`)

Consumer Barometer von Google

Eine andere Art der Datenzusammenstellung wählt Google für sein kostenloses Wissensportal »Consumer Barometer« (`https://www.consumerbarometer.com/en/`). Bis dato ist es in englischer Sprache verfügbar. Wer auf der Website das Panel DISCOVER OUR CURATED INSIGHTS wählt, erhält nach Ländern aufgeschlüsselte Statistiken über das Online-Kaufverhalten der Nutzer sowie über die Nutzung verschiedener Endgeräte. Klar ist, dass Google eine bewusste Auswahl trifft, welche Daten gezeigt werden – das Angebot ist unter dem Strich darauf gemünzt, die Relevanz von (bezahlten) Werbeformen herauszustellen, die Google anbietet. Dennoch können Content-Marketer relevante Informationen über das Verhalten von Online-Zielgruppen aus der Zusammenstellung ziehen.

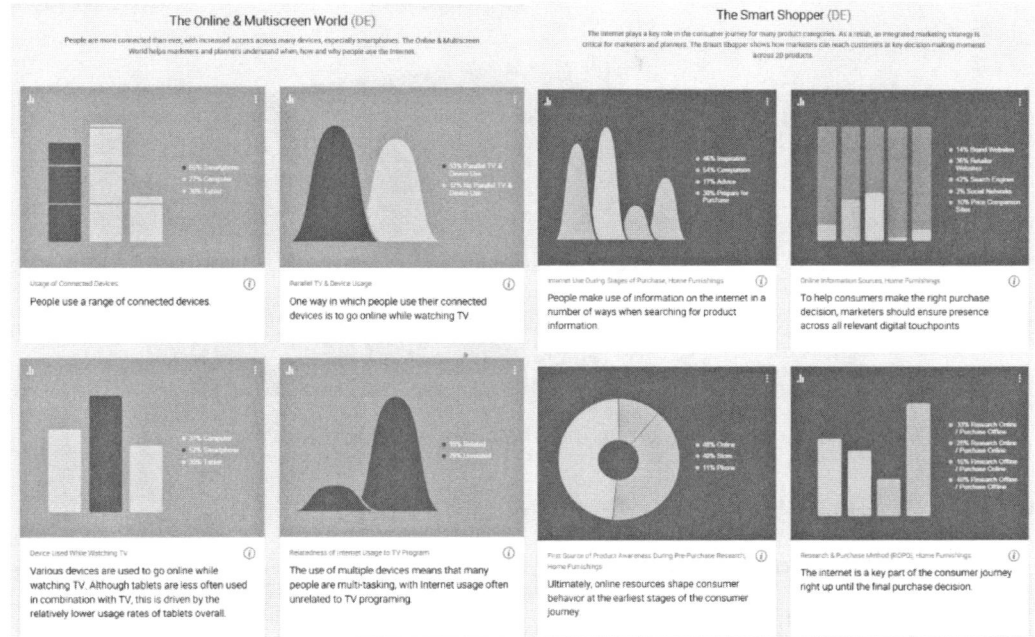

Abb. 2.11: Google Consumer Barometer – Curated Insights

2.2.3 Customer-Journey-Analyse

Online-Marketing verfolgte über lange Zeit die Strategie, Kunden vor allem mit Produktinformationen anzusprechen. Der Kunde sollte möglichst direkt nach dem Kontakt mit einem Werbemittel ein Produkt anklicken und weitergehen bis zum Bezahlvorgang an der virtuellen Kasse. Web-Analysen zeigen, dass dieser direkte Weg nicht die Regel ist. Ehe Kunden tatsächlich etwas online kaufen, reihen sie oft sehr viele Interaktionen auf verschiedenen Plattformen aneinander. Diesen Prozess vom Aufkeimen eines Wunsches bis zum Kaufabschluss nennt man Customer Journey.

Eine idealtypische Darstellung für die Customer Journey zeigt das AIDA(R)[7]-Modell. Es ist als Analyse- und Planungswerkzeug auch für Content-Marketer sehr hilfreich.

---

7   Das ursprüngliche AIDA-Modell (Werbewirkungsmodell) stammt von Elmo Lewis aus dem Jahr 1898.

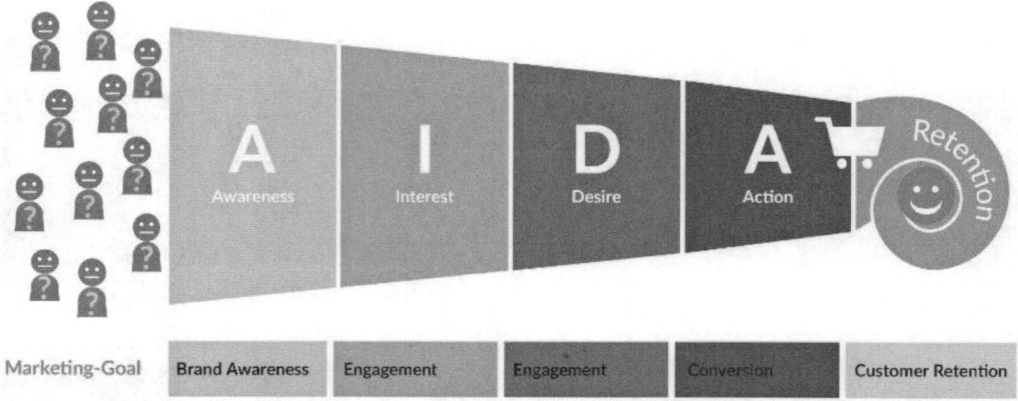

Marketing-Goal | Brand Awareness | Engagement | Engagement | Conversion | Customer Retention

Abb. 2.12: Content Marketing innerhalb des AIDA(R)-Modells

Das Modell unterteilt die Customer Journey in fünf Phasen:

1. Attention/Awareness
2. Interest
3. Desire
4. Action
5. Retention

Als Content-Marketer haben wir die Möglichkeit, Inhalte für alle fünf Phasen zu erstellen und damit strategische Schwerpunkte zu setzen:

1. **Awareness:** Welche Themen und welche Art von Inhalten benötige ich, um die Aufmerksamkeit potenzieller Nutzer für mein Angebot zu gewinnen?

2. **Interest:** Mit welchen Inhalten schaffe ich es, die Bedürfnisse unterschiedlicher Nutzergruppen abzubilden und in ein Verhältnis zu meinem Angebot zu stellen?

3. **Desire:** Welchen Content benötige ich, damit ein Nutzer konkrete Lösungen erkennen und einschätzen kann, die sein Bedürfnis stillen können?

4. **Action:** Wie müssen meine Inhalte beschaffen sein, die den Nutzer auf dem Weg zur relevanten Handlung (Kauf, Download etc.) optimal unterstützen und so wenig wie möglich ablenken?

5. **Retention:** Mit welchen Inhalten schaffe ich es, Kunden zu motivieren, mein Angebot erneut zu besuchen?

Das AIDA(R)-Modell weist darauf hin, dass es nötig ist, Nutzer auf den verschiedenen Stationen ihrer Customer Journey unterschiedlich anzusprechen. Das entspricht einer nutzerorientierten Sichtweise. In der klassischen Werbung herrscht häufiger eine Content-zentrierte Sichtweise: Ein und derselbe Werbeinhalt wird über alle verfügbaren Kanäle gestreut und erreicht dort eine bestimmte Menge an Nutzern.

Die verbesserte Nutzeransprache durch Content entlang der Customer Journey ist nicht nur ein theoretisches Modell, sondern auch technisch immer besser umsetzbar. Basierend auf einem klaren Bild der Zielgruppe, das zunehmend auch über verfeinerte Tracking-Technologien generiert wird, stößt der Nutzer auf unterschiedliche, zumeist nicht-werblich und vertrauensbildend gestaltete Inhalte – je nachdem, welchen präferierten Kanal er nutzt und in welcher Phase der Customer Journey er sich befindet.

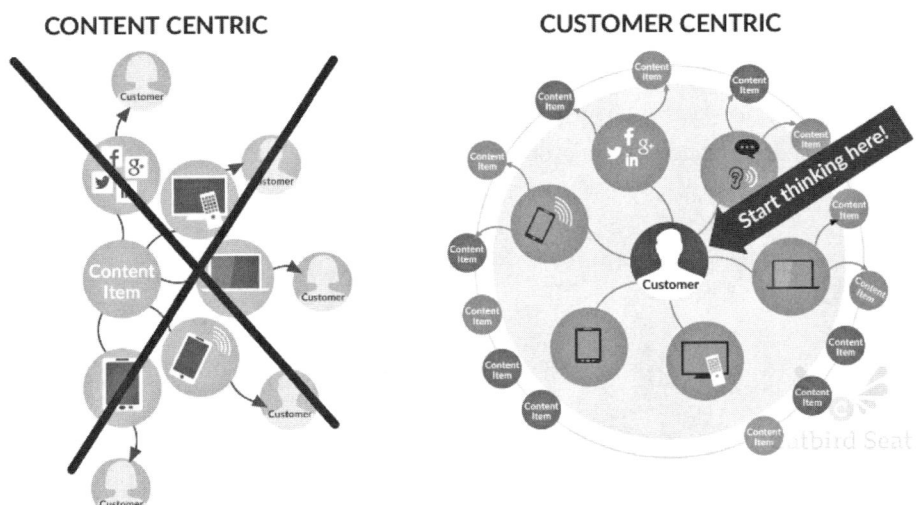

Abb. 2.13: Nutzerzentriertes Content Marketing

Das Tool »The Customer Journey to Online Purchase«

Wie bereits erwähnt, ist Google einer der größeren Datenlieferanten – auf dem Portal thinkwithgoogle[8] finden sich auch Customer-Journey-Analysen für verschiedene Unternehmensgrößen in unterschiedlichen Branchen und für viele Länder. Google bildet Daten aus dem eigenen Ökosystem ab in medienübergreifenden Touchpoint-Analysen, die sich als Customer Journeys lesen lassen. Als Beispiel findet sich in Abbildung 2.14 eine Analyse für mittelständische B2B-Händler in Deutschland.

Demnach findet der idealtypische B2B-Kunde häufig den ersten Website-Kontakt über E-Mail oder Partner-Webseiten (Referrals). In der Phase der Spezifizierung des Kundenwunsches finden Nutzer über organische Suchanfragen Klicks auf Google-Anzeigen für generische Begriffe (wie etwa Produktgattungen) und schließlich per Klick auf Google-Anzeigen für Markenbegriffe auf eine Händler-Webseite. Nahe an der Kaufentscheidung ist in diesem Beispiel der Klick auf eine Display-Anzeige in Medien, die an das Google-Display-Netzwerk angeschlossen sind. Wer direkt die Webseite des Händlers besucht, befindet sich in der Regel bereits auf direktem Weg zum Kaufabschluss.

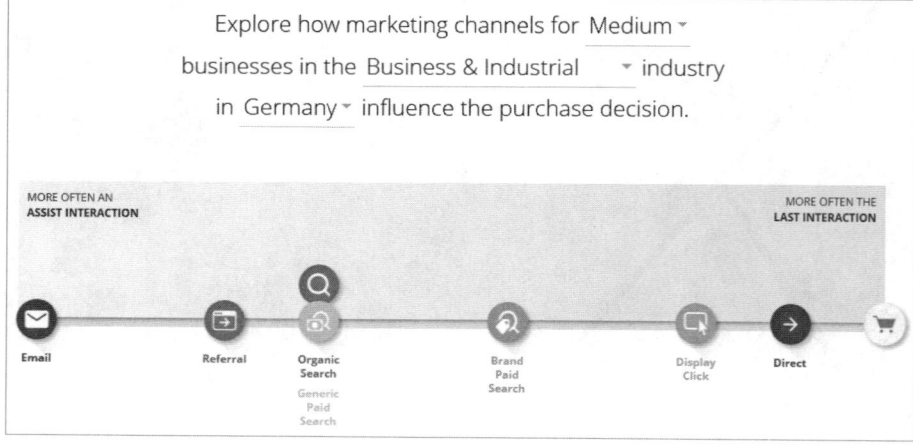

Abb. 2.14: Customer-Journey-Analyse über thinkwithgoogle.com

Die einzelnen Touchpoints lassen sich in einem separaten Feature der thinkwithgoogle-Datenbank näher untersuchen. Wir nehmen als Beispiel den Kanal E-Mail unter die Lupe: Etliche Nutzer gelangen darüber

---

8   https://www.thinkwithgoogle.com/tools/customer-journey-to-online-purchase.html

zu Beginn ihrer Customer Journey auf eine E-Commerce-Website (41%), aber E-Mail spielt auch eine wichtige Rolle in der Mitte ihres Weges bis zur Kaufentscheidung (50%). Abbildung 2.15 zeigt, wie Google diese Detaildaten darstellt.

Google stützt mit diesen Daten die These, dass die Customer Journey, die Nutzer bis zur Kaufentscheidung zurücklegen, von Branche zu Branche deutlich unterscheidbar ist, jedoch innerhalb von Branchen oft nach einem identifizierbaren Muster abläuft. Google liefert also eine Referenz, an der Sie Ihr eigenes Webangebot und vor allem die Auswahl Ihrer Kanäle überprüfen können. Ihre E-Mails sollten im gewählten Beispiel so gestaltet sein, dass die Empfänger zunächst einmal zu wiederkehrenden Website-Besuchern werden – beispielsweise über inspirierende Inhalte zu saisonalen Themen. Geht es um das Auslösen des Kaufreizes, können Sie gezielte Produktwerbung in Display Ads verpacken und in passenden thematischen Umfeldern ausspielen.

Abb. 2.15: Kanalverteilung innerhalb der Customer Journey über thinkwithgoogle.com

Übung: Customer-Journey-Analyse für meine Branche

Bilden Sie sich eine eigene Vorstellung davon, wie eine idealtypische Customer Journey für Ihre Nutzer aussehen könnte:

- Wie werden die Nutzer erstmalig auf Ihr Web-Angebot aufmerksam?

- Über welchen Kanal sammeln die Nutzer ergänzende Informationen ein?

- Auf welchem Weg erhalten die Nutzer den entscheidenden Impuls, um den Webshop oder die Seite für die wichtigen Transaktionen zu besuchen?

Tragen Sie die Informationen für bis zu fünf verschiedene Nutzergruppen in einer Tabelle ein, die Sie mit dem groben Raster »Orientierungsphase«, »Spezifizierungsphase« und »Kaufphase« überschreiben.

Kontrollieren Sie die Einschätzungen nun, indem Sie das Tool thinkwithgoogle.com nutzen. Analysieren Sie die Ergebnisse:

- Deckt sich das Tool-Ergebnis mit Ihren Einschätzungen?
- Gibt es überraschende Abweichungen zu Ihren Einschätzungen?

Beschäftigen Sie sich als Nächstes mit der Frage, welche Themen und Inhalte Ihnen aktuell noch fehlen, um Ihre potenziellen Nutzer in allen Phasen der Customer Journey optimal zu bedienen.

Content Marketing in Form redaktionell gestalteter Inhalte wird vor allem dort relevant, wo die Kanäle Organic Search, E-Mail und Social vorkommen. Suchmaschinen-Anfragen korrespondieren häufig mit redaktionell aufbereitetem Content auf Webseiten. Umgekehrt sind E-Mails und Social Media häufig wichtige Kanäle, um redaktionellen Content zu verbreiten.

Das Tool »Mobile in the Purchase Journey«

Wer Daten zur Rolle mobiler Devices in der Customer Journey seiner Zielgruppe sucht, findet bei Google das unbeschränkt zugängliche Tool »Mobile in the Purchase Journey«. Die Daten wurden von dem bekannten Marktforschungsinstitut TNS erhoben. Sie lassen sich nach

Land und Branche filtern. Das Resultat sind branchenspezifische Hinweise darauf, wie relevant die Mobilnutzer sind und welches Nutzerverhalten sie auszeichnet.

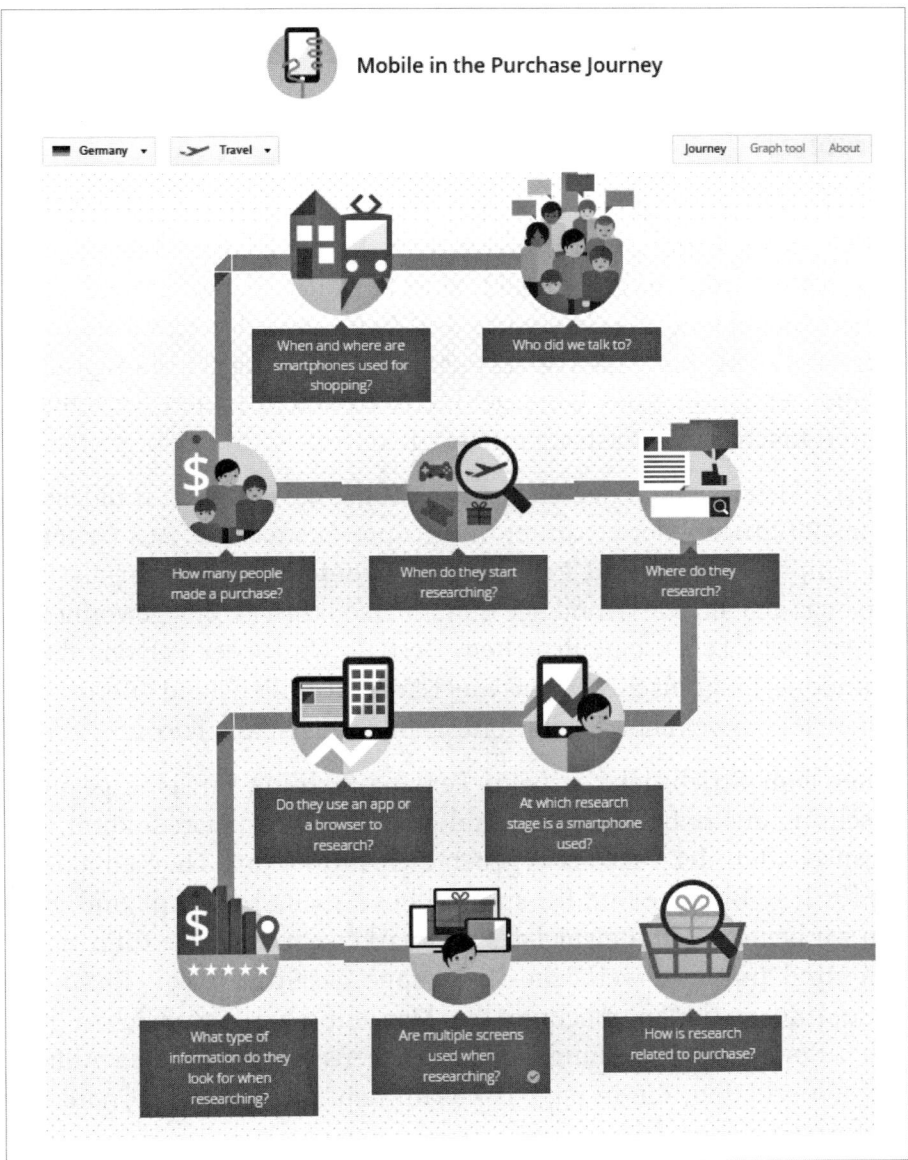

Abb. 2.16: Google-Tool »Mobile in the Purchase Journey«
(https://www.thinkwithgoogle.com/intl/en-gb/tools/
mobile-purchase-journey.html)

Wie erwähnt, liefern auch andere Web-Spezialisten und Tool-Hersteller nützliche Daten zur Eingrenzung der eigenen Zielgruppe. Ein Beispiel hierfür ist der Performance-Marketing-Dienstleister Criteo mit dem regelmäßig aktualisierten »State of Mobile Commerce Report«. Die Daten beziehen sich jedoch primär auf den US-amerikanischen Markt.

Personas

Durch die Zielgruppenanalyse und Customer-Journey-Analyse haben Sie wertvolle Informationen gewonnen. Eine elegante Methode, um diese Informationen zu bündeln, sind Personas. Personas sind semifiktive Charaktere, die Segmente der Zielgruppe des Unternehmens repräsentieren. Ein praktikables Set an Personas deckt die typischen Kundensegmente eines Unternehmens zu einem hohen Prozentsatz ab und macht diese plastisch und greifbar.

Je nach Heterogenität der Zielgruppe sollten die Personas mindestens 50 bis 70 Prozent der gesamten Zielgruppe ausmachen. Aus Gründen der Einprägsamkeit und Praktikabilität werden selten mehr als fünf Personas erstellt. Die Grundidee hinter Personas ist es, den gewonnenen Fakten mehr Leben einzuhauchen. Deshalb wird jeder Persona durch erfundene biografische Daten wie Name, Familienstand, Beruf und andere lebensweltliche Bezüge eine sehr realitätsnahe Form gegeben.

Unter dem Strich geht es beim Persona-Building um eine gesunde Mischung aus hoher Relevanz und guter Komplexitätsreduktion. Die Eigenschaften der Persona ergeben sich immer aus Themenfeldern, die für Ihre Branche und Ihr spezifisches Geschäft relevant sind. Bleiben wir bei unserem Beispiel des Baumarkts, der wertvolle Informationen rund um eine weibliche Zielgruppe gesammelt hat. Rund um diese Informationen möchten die Marketing-Verantwortlichen nun einen Kontext an Handlungsmotiven, Lebenssituationen oder Alltagsthemen schaffen, die in engem Zusammenhang mit den Produktbedürfnissen stehen.

Als Hilfestellung haben wir eine Liste mit Eigenschaften für eine weiter gefasste, weitgehend branchenneutrale Persona als Ausgangspunkt genommen und Fragen eingefügt, die dazu dienen sollen, eine möglichst konkrete Vorstellung von dem Nachfrager-Typus zu entwickeln.

Vorname Nachname:

Angaben zur Person:

- Alter
- Geschlecht
- Familienstand
- Wohnort
- Bildung
- Einkommen

Rollen & Aufgaben:

- Welchen Job führen sie aus?
- Welche Fähigkeiten benötigen sie hierfür?
- Welches Wissen (oder Tools) nutzen sie?
- Wie sieht ihr Tagesablauf aus?

Arbeitgeber:

- In welcher Industrie arbeiten sie?
- Wie groß ist der Arbeitgeber (in Personen und Umsatz)?

Ziele:

- Welche Ziele haben sie (privat und beruflich)?
- Wann sind sie erfolgreich in ihrer Rolle?

Herausforderungen:

- Was sind die größten Herausforderungen in ihrer Arbeit?
- Wie werden sie diesen Herausforderungen gerecht?

Einkaufsverhalten:

- Wie recherchieren sie über Produkte?
- Wie kaufen sie Produkte ein (Internet, Handy, Geschäft)?
- Wie regelmäßig kaufen sie Produkte ein (täglich, wöchentlich, monatlich, jährlich)?

Nachrichten & Medien:

- Wie gelangen sie an Nachrichten?
- Welche Bücher lesen sie?
- Welche Blogs lesen sie?
- Welche Inhalte sprechen sie am besten an?
- Welche Formate bevorzugen sie (Video, Audio, Text)?
- Welche sozialen Kanäle nutzen sie bevorzugt?

Werte & Ängste:

- Welche Werte haben sie?
- Welche Ängste haben sie und was macht sie traurig?

Hobbys:

- Welche Hobbys haben sie?

Alle Fragen sollten so gestellt sein, dass die Marketingaktivitäten der Unternehmung auf die Persona angewandt werden können. Es kann sogar ein Lieblingszitat der Persona erstellt werden, um die (konsumrelevante) Grundhaltung der Teilzielgruppe möglichst prägnant wiederzugeben. Abbildung 2.17 zeigt eine Beispiel-Persona namens »Anette Kaiser«, die speziell nach den Marketing-Erfordernissen eines Baumarkts gestaltet wurde.

Zur besseren Lesbarkeit formulieren wir die in der Grafik enthaltenen Textelemente der Persona.

»Anette Kaiser« wird mit folgenden Attributen beschrieben:

- Alter: 50 Jahre
- Geschlecht: weiblich
- Bildung: Mittlere Reife
- Beruf: Bürokauffrau, Festanstellung
- Region (Stadt/Land): Montabaur
- Familienstatus: verheiratet, zwei erwachsene Kinder, Eigenheim mit Garten

Vorname, Name: **Anette Kaiser**
Alter: 50
Geschlecht: w
Bildung: Mittlere Reife
Beruf: Bürokauffrau, Festanstellung
Region (Stadt/Land): Montabaur
Familienstatus: verheiratet, 2 erwachsene Kinder,
Eigenheim mit Garten

"Ich bin ein kreativ orientierter Familienmensch. Im Garten finde ich zu mir selbst."

THEMEN-INTERESSE

- *Gartenarbeit als Hobby*, eng zusammenhängend mit dem Hobby Kochen und bewusste Ernährung
- *Rasenmähen oder Hecke schneiden als Pflicht* / Aufgaben-Splitting mit Ehemann
- *DIY v.a. mit Bezug auf die Themen Schenken, Basteln, Tapezieren und Renovieren sowie Dekorieren* (Heim verschönern)
- *Kreativ-Inspirationen*
- *Umweltschutz, Nachhaltigkeit, Familienzusammenhalt*

INFORMATIONSBEDARF

- Tipps und Lösungen in Bezug auf das Gartenhobby: Welche Anbauprodukte für welche Saison? Welche Blumen für welches Beet? Welche Geräte für das Sähen, Pflanzen, Jäten, Ernten und Beschneiden?
- Rasenmähen / Hecke schneiden – wie geht das schnell und bequem und leise?
- Welche Bücher sind empfehlenswert für mein Gartenhobby?
- Wo finde ich Inspiration für Schenken, Heim verschönern, Dekorieren – inkl. Anleitung und Tipps für den richtigen Werkzeugeinsatz?
- Tipps für das Gespräch im Baumarkt – wonach muss ich fragen?

PRODUKT-INTERESSE

- *Ergonomie, Sicherheit und leichte Handhabung* werden groß geschrieben
- *Elektro- und Akku-Gartengeräte* (Power X Change)
- *Akkuschrauber, Multi-Werkzeug, Klebepistole, Sprühgeräte* für Farben etc. für die Kreativ-Beschäftigung
- *Preis/Leistung* muss passen

MEDIENNUTZUNG

- *Email, Newsletter*
- *Google-Suche* nach Kreativ-Inspirationen mit Fokus „Heim verschönern"
- *Ladenbesuch und Online-Check*: Produktpreis im Baumarkt versus online
- *Lokalzeitung*
- *Gartenzeitschriften*
- *Baumarkt-Angebote*
- *Regenbogenpresse* (Bunte, Gala etc.)
- *Fernsehen* (ARD, ZDF und Regionalprogramme)

Abb. 2.17: Beispiel-Persona

THEMENINTERESSE:

■ Gartenarbeit als Hobby, eng zusammenhängend mit dem Hobby Kochen und bewusste Ernährung

■ Rasenmähen oder Heckeschneiden als Pflicht / Aufgaben-Splitting mit Ehemann

■ DIY v.a. mit Bezug auf die Themen Schenken, Basteln, Tapezieren und Renovieren sowie Dekorieren (Heim verschönern)

■ Kreativ-Inspirationen

■ Umweltschutz, Nachhaltigkeit, Familienzusammenhalt

INFORMATIONSBEDARF:

■ Tipps und Lösungen in Bezug auf das Gartenhobby: Welche Anbauprodukte für welche Saison? Welche Blumen für welches Beet? Welche Geräte für das Säen, Pflanzen, Jäten, Ernten und Beschneiden?

■ Rasenmähen/Hecke schneiden – wie geht das schnell und bequem und leise?

- Welche Bücher sind empfehlenswert für mein Gartenhobby?
- Wo finde ich Inspiration für Schenken, Heim verschönern, Dekorieren – inkl. Anleitung und Tipps für den richtigen Werkzeugeinsatz?
- Tipps für das Gespräch im Baumarkt – wonach muss ich fragen?

PRODUKTINTERESSE:

- Ergonomie, Sicherheit und leichte Handhabung werden großgeschrieben
- Elektro- und Akku-Gartengeräte
- Akkuschrauber, Multi-Werkzeug, Klebepistole, Sprühgeräte für Farben etc. für die Kreativ-Beschäftigung
- Preis/Leistung muss passen

MEDIENNUTZUNG:

- E-Mail, Newsletter
- Google-Suche nach Kreativ-Inspirationen mit Fokus »Heim verschönern«
- Ladenbesuch und Online-Check: Produktpreis im Baumarkt versus online
- Lokalzeitung
- Gartenzeitschriften
- Baumarkt-Angebote
- Regenbogenpresse (Bunte, Gala etc.)
- Fernsehen (ARD, ZDF und Regionalprogramme)

Auf Basis dieser Persona lassen sich bereits zahlreiche Content-Ideen ableiten. Die Persona klärt sowohl das Produkt- als auch das Themeninteresse eines Segments der Baumarkt-Zielgruppe. Dadurch, dass auch die Mediennutzung geklärt ist, kann das Marketing-Team spezifisch zugeschnittenen Content speziell für die Medien planen, die »Anette Kaiser« bevorzugt nutzt. Wie Sie sehen, sind Personas eine hervorragende Möglichkeit, um sich sehr genau in die jeweilige Teilzielgruppe hineinzuversetzen und ihre Wünsche und Motive plastisch herauszuarbeiten. Auf Basis des anhand der Persona geplanten Contents und der Nutzersignale hierfür kann im Lauf der Zeit die Persona weiter angepasst und verfeinert werden.

Es gibt Möglichkeiten, Personas über vorgefertigte Templates zu bilden oder gleich über Tools wie makemypersona.com. Unserer Erfahrung nach ist es aber besser, sich das Schema im Lauf des Persona-Building-Prozesses mit zu erarbeiten und eng an die eigenen Marketingziele zu knüpfen. Die vorgefertigten Muster können dazu führen, dass weniger relevante und praktikable Personas entstehen.

2.2.4 Content-Audit

Eine Content-Strategie startet nur im Fall von Start-ups oder fundamentalen Relaunch-Projekten auf dem weißen Blatt Papier. In der Regel geht es darum, strategische Lücken im bisherigen Content-Angebot aufzuspüren und planvoll zu schließen.

Die bisher vorgestellten Methoden der Marktanalyse, Zielgruppenanalyse und Customer-Journey-Analyse definieren zusammen ein Suchraster. Wer diese grundlegenden Analysen gut erledigt, kann Lücken im eigenen Content-Angebot leichter erkennen.

Zur Bestandsaufnahme der bisher erstellten Themen und Inhalte dient der Content-Audit. Am Ende des Audits steht die fertige SWOT-Tabelle und der übergeordnete, strategische Content-Plan. Der Audit gliedert sich in die Phasen **Content-Inventur** und **Content-Rating**.

Die Content-Inventur liefert eine strukturierte Übersicht über die bisher gestalteten Themen und Inhalte. Das Content-Rating fügt eine zusammenfassende Bewertung hinzu. Es geht im Content-Audit darum, die wichtigen Fragen für die Strategie mit ja oder nein zu beantworten und einen Umgang mit allen festgestellten Mängeln zu finden. Die wichtigen Fragen für den Content-Audit sind:

- Bilden meine Themen die Bedürfnisse meiner Zielgruppe optimal ab?
- Habe ich bereits Inhalte für jede relevante Phase der Customer Journey erstellt?

- Habe ich die richtigen Kanäle gewählt, um meine Zielgruppen anzusprechen?
- Wähle ich die richtige Art der Zielgruppenansprache je Kanal?
- Reiche ich in Bezug auf die Sichtbarkeit meiner Inhalte, die Usability meines Content-Angebots und den generierten Mehrwert für die Nutzer an die Wettbewerber heran und kann ich diese in wichtigen Bereichen übertreffen?

Führen wir unser Beispiel des Baumarkts fort, um ein mögliches Ergebnis der Analysen im Verhältnis zu den bisherigen Inhalten festzuhalten:

Stärken:

- Es gibt zahlreiche Inhalte, die von männlichen Nutzern gut besucht werden.
- Die Nutzersignale deuten darauf hin, dass diese Inhalte guten Anklang bei der Zielgruppe finden (hohe Aufenthaltsdauer auf den Beiträgen, hohe Interaktionsraten mit den Inhalten).
- Es gibt bereits Inhalte, die auch eine weibliche Zielgruppe erreichen.

Schwächen:

- Die bisherigen Inhalte decken das in der Zielgruppenanalyse nachgewiesene Interesse der weiblichen Zielgruppe nur unzureichend ab.
- Der Anteil der weiblichen Nutzer im Online-Shop ist deutlich niedriger als der Anteil an Käuferinnen in den stationären Märkten.
- Die Bildwelt in Blog und Magazin spiegelt eine männlich dominierte Handwerkerwelt in Verbindung mit schwerem Werkzeug wie Hammer, Bohrer und Kettensäge.

Chancen:

- Durch den Ausbau des Themenspektrums für die weibliche Zielgruppe würden sich neue Nutzer für das Portal gewinnen lassen.
- Durch die Steigerung der Rate weiblicher Nutzer könnten verschiedene Produktbereiche wie Feinwerkzeuge, Tapezier-Zubehör und Deko-Material gestärkt werden.

- Der Kanal Facebook scheint besonders relevant für die Verbreitung neuer Inhalte für die weibliche Zielgruppe – hier ist das Interesse an DIY-Inspirationen besonders ausgeprägt.

Risiken:

- Der wichtigste Branchenwettbewerber hat bereits gut sichtbare Ratgeber-Inhalte für das weibliche Baumarkt-Publikum aufgebaut und auch die Bildwelt an diese Nutzergruppe angepasst
- Im Suchmaschinen-Ranking erscheinen spezialisierte Portale als Content-Wettbewerber, die das Thema Heimwerken und DIY für Frauen schwerpunktmäßig behandeln und nicht nur mit redaktioneller Vielfalt, sondern auch mit SEO-Verständnis kontinuierlich Themenwelten für Frauen aufbauen

2.2.5 Strategieformulierung

Auf Basis der fertig ausgefüllten SWOT-Tabelle können nun ein präzises Content-Marketing-Ziel formuliert und Maßnahmen beschlossen werden. Der in diesem Kapitel als Beispiel gewählte Online-Baumarkt formuliert für sein Content Marketing als oberstes Ziel, die weibliche Zielgruppe besser zu erschließen.

Nun führt die Content-Strategie aus, welche Inhalte mit welchem Mehrwert für die neue Zielgruppe erstellt und über welche Kanäle sie bereitgestellt werden sollen. Darüber hinaus klärt die Strategie grundlegende Prozesse zur Entwicklung, Erstellung und Verbreitung dieser Inhalte. Ziel ist es, mit den strategisch geplanten Inhalten einen Beitrag zur Wertschöpfung des Unternehmens zu leisten.

Der in diesem Kapitel als Beispiel gewählte Baumarkt könnte als Resultat seiner Analysen für den Content auf seiner Online-Plattform diese Schritte ableiten und beschließen:

1. Aufbau neuer Ratgeber-Themen für die weibliche Zielgruppe auf Basis einer umfassenden Analyse der Suchanfragen rund um die Themen DIY, Dekoration und Restaurieren
2. Aufbau von Magazin-Themen mit dem Ziel, die Awareness in der weiblichen Zielgruppe für das Angebot des Online-Baumarkts zu

stärken – dazu gehören bildstarke Motive mit jahreszeitlich wechselnden Inspirationen zur Verschönerung, Neugestaltung und Einrichtung der Wohnung.

3. Verknüpfen der Ratgeber- und Magazinbeiträge mit Hinweisen auf das eigene Produktangebot, indem die Werkzeuge und Materialien im Kontext mit dem Inspirations- und Ratgeberthema bewusst eingeblendet werden. Die Einblendungen funktionieren als direkte Links in den Shop-Bereich.

4. Bewerben der Magazinbeiträge über gesponserte Posts auf Facebook, die als Teaser auf den Magazinbeitrag funktionieren

5. Starten einer Cross-Media-Kampagne, die sich auch am Point of Sale in den stationären Märkten wiederfindet, unter dem Hashtag #girlpowerdays. Hier stehen erfahrene DIY-Expertinnen über mehrere Aktionstage hinweg den Ladenbesucherinnen mit Rat und Tat zur Seite.

6. Online können Nutzerinnen per Voting abstimmen, welche DIY-Projekte die Expertinnen in den Läden vorstellen sollen. Die fertigen Projekte werden auf einer eigenen Kampagnen-Seite im Magazin vorgestellt und prämiert. Die Projekte werden ästhetisch fotografiert und das Teilen der Bilder in soziale Netzwerke wird durch Social-Sharing-Buttons erleichtert.

Sämtliche in der Strategie festgelegten Maßnahmen werden mit Teil-Budgets unterlegt und in einen Aktionsplan integriert. Wie die in der Strategie formulierten Ratgeber-Inhalte geplant werden, verdeutlicht Kapitel 4, »Content-Produktion«. Abschließend sollte die formulierte Strategie implementiert und überwacht werden.

2.3 Storytelling

Wie wird mein Content einzigartig, also »unique«? Es gibt mehrere Ansätze: Entweder ich verfüge als Unternehmen über einzigartige Daten oder Informationen, über die kein Wettbewerber verfügt, und ich kann aus dieser Quelle ein Content-Angebot erstellen. Geht es um leicht reproduzierbare Themen, die nicht nur mir gehören, muss ich mir mehr Mühe in puncto Informationstiefe, Struktur und Visualisierung geben als der Wettbewerb, um »Uniqueness« zu erreichen. Eine dritte Option ist: Storytelling!

»Let me tell you a story« ist nicht zufällig ein häufiger Satz, den gute Redner auf der Bühne oft wählen, um das Publikum aus der Lethargie zu holen. Geschichten wirken, hinterlassen Eindruck beim Publikum und bleiben im Gehirn haften. Content-Marketer bedienen sich deshalb gerne im Wissensschatz der großen Geschichtenerzähler. Das haben sie mit PR-Leuten und Werbern gemeinsam.

Warum Storytelling dabei helfen kann, ein Produkt besser zu verkaufen oder Aufmerksamkeit für eine Lösung zu generieren, verdeutlicht die wohl simpelste Definition dafür, was eine Story im Kern eigentlich ist:

Story = Hauptfigur + Dilemma + Befreiungsversuch

Die Rolle der Hauptfigur ist im Content Marketing (eigentlich) fest vergeben: Es ist der Kunde. In der Miniaturformel für das Storytelling ist die Perspektive des Content Marketings also bereits berücksichtigt. Wir blicken aus Sicht des Kunden auf unser Angebot und unsere Marke und beginnen aus dieser Perspektive erst zu beobachten und anschließend zu erzählen.

Weitere Informationen zum Thema Storytelling finden Sie beispielsweise in dem Buch »Storytelling für Unternehmen: Mit Geschichten zum Erfolg in Content Marketing, PR, Social Media, Employer Branding und Leadership« (mitp-Verlag).

Beispiel-Kundenstory

Was heißt das genau? Nehmen wir an, wir möchten unsere Fitness-Studios online so wirksam wie möglich darstellen. Wir stellen eine Liste mit Fakten zu unseren Studios auf:

- 21 Studios in fünf deutschen Städten
- Erfahrene Trainer und Ernährungsberater
- Moderne Geräteausstattung
- Lichtdurchflutete Räume an zentralen Orten
- Spaß und Gesundheit im Vordergrund

Wie geht es uns, wenn wir das lesen? Der emotionale Wert dieser Faktenreihe ist gleich null. Stattdessen könnten wir ein kurzes Video drehen, in dem eine **Hauptfigur**, die Neukundin Daniela, ihr »**Dilemma**« schildert (Rückenprobleme, aber keine Lust auf monotones Training alleine an technischen Geräten) und schließlich von ihrer neuen Trainerin Cynthia »**befreit**« wird, die sie in ihren Rücken-Aerobic-Kurs aufnimmt, in dem gute Musik und angenehmes Ambiente wirken.

Statt kalter Fakten haben wir jetzt sogar einen kleinen Spannungsbogen geschaffen und über ein Testimonial eine kleine Geschichte erzählt, die andere Kunden potenziell emotional ansprechen und sensibilisieren kann.

Beispiel-Kampagne

Was mit einer einzelnen Kundenstory funktioniert, die beispielsweise als festes Element auf der Website installiert sein kann, lässt sich ausdehnen auf ganze Kampagnen. Diese arbeiten oft mit einer Kernbotschaft, die verschiedene Stränge einer größeren Story zusammenhält bzw. den roten Faden bildet.

Das bedeutet, dass zusätzlich zur Perspektive »Kunde« im Fall größerer Kampagnen noch die Perspektive der Marke in den Vordergrund rückt. Sehr häufig sind es Veränderungen in der strategischen Ausrichtung eines Unternehmens, die den Anlass für Kampagnen bilden. Oft soll auch die Wahrnehmung des Publikums beeinflusst werden, indem die bestehenden Produkte oder Leistungen in einen neuen, für das Zielpublikum relevanten Kontext gestellt werden.

Ein gerne zitiertes Beispiel stammt vom Pflegeprodukte-Hersteller Old Spice. Im Segment Duschgel für Männer drohten Umsatzeinbußen an konkurrierende Markenhersteller. Daraufhin startete Old Spice eine Werbekampagne mit einem attraktiven, muskulösen Afroamerikaner als Hauptfigur und der Kernbotschaft »The man your man could smell like« (Der Mann, nach dem Dein Mann duften könnte). Basis für die Wahl des Protagonisten war konkret die analytische Erkenntnis, dass häufig Frauen das Duschgel für ihre Männer kauften. Deshalb fiel die Wahl auf einen Plot, der Frauen stark ansprach und ihre Männer amüsieren konnte. Obwohl das heimlich adressierte Dilemma der

Frauen nicht schmeichelhaft für die Männer war, denn es lautete im Prinzip: Wenn mein Mann schon nicht wie dieser ist, so kann er sich doch – mit meiner Hilfe bzw. der von Old Spice – irgendwie an dieses Idealbild annähern.

Die Kampagne liegt bereits einige Jahre zurück. Es ist jedoch eine der wenigen, für die auch der (in diesem Fall: beeindruckende) Einfluss auf Abverkaufszahlen gut dokumentiert ist[9]. In einer fortgeschrittenen Phase der Kampagne wurden YouTube-User-Reaktionen auf das ursprüngliche Kampagnenvideo analysiert, in neue Videobotschaften integriert und an die Fans des Spots zurückgespielt. So entstand ein viraler Effekt.

Abb. 2.18: Old-Spice-Kampagnenvideo

Fließende Grenzen zur Werbung

Das Beispiel zeigt, dass es häufig Herstellermarken sind, die Storytelling nutzen, um eine Markenbotschaft zu verankern. Diese Art von Kampagne soll erreichen, dass Marken ins Kundenbewusstsein aufrü-

---

9   http://wearesocial.com/uk/blog/2010/08/wieden-kennedys-spice-case-study

cken und darüber die Käuferzahlen in allen möglichen Shops steigen, online wie offline.

Das Beispiel zeigt darüber hinaus, dass die Grenzen zwischen Content Marketing und Werbung fließend sind. Vor allem dann, wenn die Perspektive sehr stark die des Kunden ist und die verbreiteten Botschaften die Interessen, Ziele und Wünsche des Kunden spiegeln. Ein intelligent ausgespieltes Werbebanner, das einem Familienvater einen Familienvan in dem Moment zeigt, in dem er über den Kauf eines Familienvans nachdenkt, hat ähnliche Qualitäten. Sagen wir: Das immer komplexere Spiel mit Technologien und Plattformen führt dazu, dass alte Marketing-Kategorien immer schlechter greifen.

2.4 Inhalte für B2B und B2C

Sollten B2B-Unternehmen das Thema Content Marketing grundsätzlich anders angehen als B2C-Unternehmen? Kurz: Wir halten pauschale Antworten auf diese Frage für wenig hilfreich. Die Grundregeln bleiben immer gleich: Fokus auf die Zielgruppe, Kenntnis der eigenen Marke und der Marketingziele, Ableiten einer Content-Strategie, die diese Elemente möglichst erfolgsversprechend vereint.

Was Formate angeht: Sowohl im B2B-Kontext als auch im B2C-Kontext haben sich Blogs als häufig gewähltes Medium etabliert, wenn es darum geht, Haltung zu zeigen, Trends zu kommentieren oder in den direkten Dialog mit Zielgruppen einzusteigen. Dabei fällt auf, dass besonders erfolgreiche Blogs häufig von Freelancern betrieben werden, die sich darüber selbst vermarkten und positionieren.

Lernen von Bloggern

Im Bereich B2C haben einige Modeblogger eine große Reichweite aufgebaut und sich damit als strategische Content-Partner für große Modemarken oder Shop-Portale empfohlen. Sie gehen mit der Zeit und haben ihre Präsenz längst auf Social Media ausgedehnt – Facebook und Instagram zählen zu den Favoriten. Für ihre User, Fans und Follower sind diese Bloggerinnen eine stetige Inspirationsquelle.

Im Bereich B2B sind Marketing-Experten und Consultants stark vertreten, die einen Teil ihrer Expertise über Fachblogs streuen und zur Diskussion stellen, darüber Bekanntheit aufbauen und ihr Netzwerk stärken. Auch sie dehnen ihre Aktivitäten auf Social Media aus, treten Gruppen auf Xing oder LinkedIn bei, teilen dort Beiträge anderer oder bewerben die eigenen.

Sowohl B2B- als auch B2C-Unternehmen können von den Bloggern in ihrem thematischen Umfeld einige sehr wichtige Dinge lernen:

1. Erfolg mit Content kommt nicht über Nacht, sondern benötigt Ausdauer, Regelmäßigkeit und Leidenschaft.
2. Erfolg mit Content entsteht immer auch in der Interaktion über Plattformen und Funktionen, die das ermöglichen.
3. Erfolg mit Content hat oft damit zu tun, ein Gesicht zeigen zu können – insbesondere in den sozialen Medien (die genau deswegen »soziale Medien« heißen).

Die Geschichte vom »Social CEO«

Bezogen auf den deutschen Markt fällt auf, dass sich Geschäftsführer und CEOs hierzulande offenbar schwer damit tun, online ein Gesicht zu zeigen. Es galt als mittlere Sensation, als Dr. Karl-Thomas Neumann, Vorstandsvorsitzender der Adam Opel AG, vor einigen Jahren ein Twitter-Profil eröffnete, um Entwicklungen des Konzerns aus erster Hand mitzuteilen. Zudem entstand ein Video-Cast auf YouTube mit Neumann in der Hauptrolle.

Natürlich steckte eine Strategie hinter dieser Entscheidung. In Interviews erklärte Neumann, dass seine verstärkte Online-Präsenz unmittelbar damit zu tun hatte, dass das Image der Marke Opel seit einiger Zeit etwas gelitten hatte. Die Marke arbeitete auf allen Kanälen, um daran etwas zu ändern – beispielsweise wurde zusätzlich der (heute: Ex-) BVB-Trainer Jürgen Klopp als Testimonial für die Marke gewonnen.

Abb. 2.19: »Social CEO« Karl-Thomas Neumann (Adam Opel AG)

Das Opel-Beispiel zeigt auch, wie wichtig es ist, die Frage nach dem WARUM beantworten zu können, also den Grund für die Content-Offensive zu kennen. Nichts ist schädlicher als planlos eröffnete Social-Media-Profile, Blogs oder andere Formate, die ein serielles, das heißt kontinuierliches Bespielen mit frischem Content voraussetzen. Für Opel jedoch scheint der Plan aufgegangen zu sein: Aus heutiger Sicht lässt sich zumindest behaupten, dass die Marke ihr Image verändern konnte.

Die Automarke hat offensichtlich das Mediennutzungsverhalten der Zielgruppe »Journalisten« richtig erkannt und deswegen auf den Kanal Twitter gesetzt, auf dem diese Gruppe häufig aktiv ist. Zudem erhielten auf diesem Weg auch kleinere Redaktionen den Zugang zu Informationen, die bewusst mit der höchsten Ebene des Konzerns verknüpft worden waren. Interviews mit Automotive-CEOs sind für kleinere Redaktionen im Normalfall äußerst schwer zu bekommen. Und nicht zuletzt sorgte alleine die Tatsache für einige Medienpräsenz, dass bis zum Auftreten von Neumann auf Twitter kaum ein europäischer CEO auf diese Idee gekommen war. Medien verliehen ihm den Titel »Social CEO«[10].

---

10 http://pr-blogger.de/2015/07/08/kt_neumann-social-ceo-erreicht-10-000-twitter-follower/

Menschen, Bilder, Emotionen

B2B ist rational, B2C ist emotional – wer das in Bezug auf Content Marketing behauptet, dem sollten Sie aus unserer Sicht misstrauen. Einer der Hauptgründe: Inhalte, die online konsumiert werden, haben selten viel Zeit, um zu überzeugen. Die Aufmerksamkeitsspanne der Nutzer ist äußerst begrenzt. Alles, was in eine emotionale Ansprache und in Bilder gepackt werden kann, trägt dazu bei, dass Botschaften schneller und besser übermittelt werden können.

Nehmen Sie die »Rosetta«-Mission[11] der europäischen Raumfahrtbehörde ESA als Beispiel. Sicher, für einige per se an Weltraumabenteuern interessierte Menschen mag die simple Information ausreichen, dass es hierbei um eine mit allerhand Messinstrumenten ausgestattete Sonde ging, die quer durchs All zu einem Kometen namens »Tschurjumow-Gerassimenko« reiste, um dessen Eigenschaften zu studieren.

Aber das erklärt nicht die hohe Reichweite, die Nachrichten rund um die Mission erzielten. Wer das Content-Angebot auf den Webseiten der ESA zu dieser Mission näher studiert, stößt auf eine riesige Auswahl, die bewusst auf verschiedene Zielgruppenbedürfnisse zugeschnitten wurde. Beispiele:

- Für Kinder wurde die Mission in Form von Comic-Strips erklärt.
- Für die Kommunikation innerhalb der Scientific Community erhielt jedes Bordinstrument der Sonde einen eigenen Twitter-Account, über den das jeweils verantwortliche Wissenschaftler-Team aus der Ich-Perspektive des Bordinstruments twitterte (im Stil von: »Ich fahre gerade meine Antennen aus.«).
- Für Journalisten wurden in regelmäßigen Abständen Updates zur Mission inkl. Foto-Downloadoptionen bereitgestellt.

Der vielleicht beeindruckendste Erfolg der Rosetta-Mission liegt in der Emotionalisierung des hoch wissenschaftlichen Themas. Diese gelang durch einen Fokus auf die technische Verbindung zwischen der Sonde und dem Lande-Roboter, die wie eine menschliche Liebesbeziehung porträtiert und von den Medien auch so aufgegriffen wurde[12]. Das

---

11 http://rosetta.esa.int/

wurde durch ESA-Teams noch befeuert, die Tweets wie »Go to sleep, little lander« oder »We will miss you« verbreiteten, als der Lander nach erfüllter Mission stillgelegt wurde.

Da es sich bei der ESA um ein letztlich steuerfinanziertes Projekt handelt, ist klar, dass die aufwendige Kommunikation rund um das Projekt sowohl B2C- als auch B2B-Aspekte in sich vereint hat: Raumfahrt muss populär sein, um hohe Fördergelder zu rechtfertigen.

Auch wenn beispielsweise KMU nicht über die Mittel der ESA verfügen, so halten wir die Rosetta-Mission doch für ein inspirierendes Beispiel. Denn sie zeigt, wie auch vermeintlich rationalen und nüchternen technisch-wissenschaftlichen Themen mehr Emotionalität eingehaucht werden kann. Gerade der (cross-)mediale Erfolg der Mission macht sie zu einem guten Beispiel.

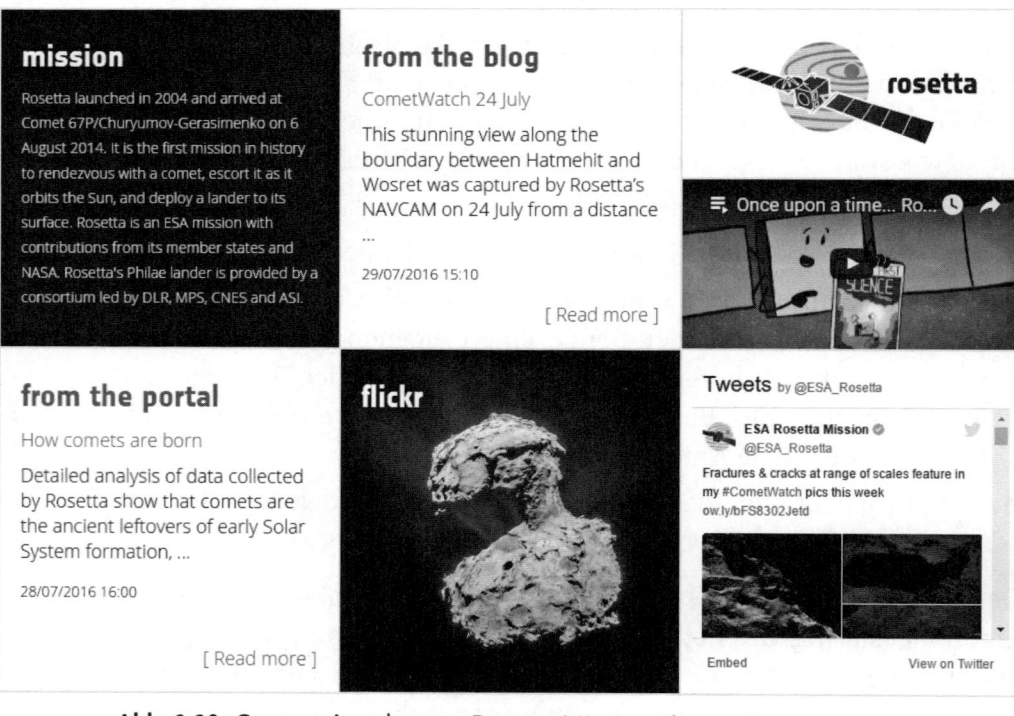

Abb. 2.20: Content-Angebot zur Rosetta-Mission (Auszug)

---

12 http://www.spiegel.de/wissenschaft/weltall/philae-esa-beendet-kometen-mission-endgueltig-a-1104954.html

2.5 Checkliste: Erfolgsfaktoren

Mit dieser Liste fassen wir kurz die wichtigsten Erfolgsfaktoren für die Vorbereitung einer Content-Marketing-Strategie zusammen, die in diesem Kapitel ausführlich behandelt wurden.

Schritte für eine Content-Marketing-Strategie

- Zielformulierung abgeleitet aus Unternehmenszielen
- Festlegung von KPI und Controlling-Parametern
- Marktanalyse
- Zielgruppenanalyse
- Content-Audit
- Strategieformulierung
- Einplanung von Content, der gezielt auf Suchoptionen optimiert ist und über Suchmaschinen entdeckt werden kann
- Identifikation von Storytelling-Potenzialen
- Identifikation von bildstarken, emotional adressierenden Themen

3

Content-Planung

In Kapitel 2, »Content-Marketing-Strategie«, haben Sie das Wichtigste zum Content Marketing erfahren: Es geht um die Perspektive. Content Marketing nimmt grundsätzlich die Perspektive des Konsumenten oder Nutzers ein. Auf dieser Basis haben Sie die übergreifende Content-Strategie festgelegt, die sich aus Ihren Marketingzielen ableitet. Sie wissen, ob Sie Content für die Kundenakquise, für die Kundenbindung oder für die Positionierung Ihres Unternehmens einsetzen möchten. Auf dieser Basis kann die Content-Planung beginnen.

In dieser Phase legen Sie die Themen und Formate für Ihre Inhalte fest und spezifizieren darüber hinaus die Plattformen und Kanäle, über die Sie den Content ausspielen wollen, um Kontakt- und Interaktionspunkte zu Ihren Zielgruppen herzustellen. Nicht zuletzt bestimmen Sie den organisatorischen Rahmen, um die benötigten Inhalte termingerecht, kosteneffizient und in der gewünschten Qualität produzieren zu können.

3.1 Content-Planung mit dem Help-Hub-Hero-Modell

Eine nützliche Hilfe für die Planung von Content liefert das Help-Hub-Hero-Modell. Ursprünglich entwickelt wurde es von Google, um kommerziellen Nutzern des YouTube-Kanals eine Anleitung zu geben, wie sie ihren Content programmatisch planen können. Der Wert des Modells geht aus unserer Sicht aber über den Video-Kontext hinaus. `https://www.thinkwithgoogle.com/playbooks/schedule-your-content.html`

Help-Content

Help-Content (oftmals auch als Hygiene-Content bezeichnet) sind die Basis-Inhalte einer Organisation. Er orientiert sich stark an Suchanfragen der Zielgruppe und funktioniert als Antwort auf diese Suchanfragen. Besonders häufig wird die Suche genutzt, um die nötigen Informationen für eine komplexe Kaufentscheidung einzusammeln und um den Preis abhängig von der Leistung einschätzen zu können. Ebenso dienen Suchanfragen dazu, Tipps und Tricks für den erfolgreichen Einsatz von Produkten zu finden. Nicht zuletzt wird Help-Content häufig auch durch andere Nutzer erstellt. Ein Beispiel hierfür sind die Kommentare auf Amazon, in denen Nutzer ihre Erfahrungen mit Produkten schildern.

Übung: Help-Content-Ideen sammeln

Versetzen Sie sich in die Lage der wichtigsten Nutzergruppe Ihres Portals. Stellen Sie sich Fragen wie:

1. Welche Fragen stellt sich mein Nutzer auf dem Weg vom Aufkeimen eines Bedürfnisses bis zum Warenkauf in meinem Online-Shop?
2. Welche Tipps und Ratschläge könnte mein Nutzer gut gebrauchen, wenn er meine Produkte möglichst erfolgreich und effizient einsetzen soll?
3. Vor welchen Fehlern im Kontext der Kaufentscheidung möchte ich meinen Nutzer gerne bewahren – aufgrund welcher unterstützender Informationen findet er genau das für sie oder ihn passende Produkt?

Hub-Content

Hub-Content soll die Zielgruppe in einem wiederkehrenden Turnus ansprechen (z.B. wöchentlich oder monatlich). Seine Planung basiert auf einem Redaktions- oder Veröffentlichungskalender. Viele Tageszeitungen enthalten Rubriken, die sich mit der Idee von Hub-Content decken: Fachserien zu größeren Themen wie Geldanlage, regelmäßige Beiträge erfahrener politischer Kommentatoren, unterhaltsame Elemente wie Comic-Strips oder Klatschspalten.

Diese Methoden lassen sich für das eigene Content-Angebot adaptieren. Die Idee ist hierbei, den Nutzern einen Grund zu liefern, einen Kanal zu abonnieren oder ihn regelmäßig zum festgelegten und kommunizierten Veröffentlichungstermin zu besuchen. Hub-Content soll dafür sorgen, dass das bereits gewonnene Interesse der Zielgruppe nicht abreißt.

> ## Übung: Hub-Content-Ideen sammeln
>
> Stellen Sie sich vor, Sie bekommen den Auftrag, eine Serie zu produzieren. Diese Fragen könnten am Anfang stehen:
>
> 1. Welches Thema beherrsche ich so gut und tiefgreifend, dass ich dazu über lange Zeit regelmäßig publizieren kann? Ist es ein methodischer Ansatz wie z.B. »Content Marketing«, ist es ein langlebiger Konsumtrend wie z.B. »Do it yourself«?
> 2. Welche Anlässe gibt es über das Jahr verteilt, die mir als Ankerpunkte für verschiedene Schwerpunkte zu meinem Hauptthema dienen können – sind es z.B. Saisonalitäten oder Festtage, Jubiläen, Jahrestage oder Neuerscheinungen auf dem Markt?
> 3. Benötige ich für meine Serie irgendwelche »Helden«, das heißt, wiederkehrende Personen, die Eigenschaften meiner Kunden widerspiegeln und anhand derer ich mein Thema möglichst realitätsnah kommunizieren kann?

Hero-Content

Hero-Content sind Highlight-Inhalte, um einem möglichst breiten Publikum die Relevanz Ihres Unternehmens oder Ihrer Marke vor Augen zu führen. Häufig wird dabei auf Storytelling als Methode zurückgegriffen, um Botschaften auf emotionaler Ebene zu verankern, und mehrere Kanäle miteinander verzahnt, um die Botschaften zu verbreiten. Hero-Content soll Aufmerksamkeits-Peaks nutzen und erzeugen und ist deshalb häufig mit reichweitenstarken Events wie Fußball-Welt- und Europameisterschaften oder zentralen Feiertagen wie Weihnachten verbunden. Häufig werden auch Partnerschaften genutzt wie etwa eine Liaison zwischen einer Online-Marke und einem reichweitenstarken Influencer, der als Protagonist in der Hero-Content-Kampagne auftritt. Die Grenzen zur Werbung sind dabei fließend. Gute Beispiele für Hero-Content finden Sie in Abschnitt 2.3, »Storytelling«.

3.2 Themenpotenziale erkennen

»Wie finde ich die richtigen Themen? / Wie finde ich genügend Themen?« – diese Fragen tauchen im Kontext von Content Marketing häufiger auf. Tatsächlich ist es so, dass nur abhängig vom Marketingziel überhaupt geklärt werden kann, welche Themen »richtig« sind. Aber auch die eigene Branche und das damit zusammenhängende (Content-)Konkurrenzumfeld spielen eine Rolle. Und, allem voran, das vorhandene Wissen über die Präferenzen der eigenen Online-Kunden.

3.2.1 Basis-Anforderungen je Branche

- Für **Start-ups und junge Unternehmen** mit einem entsprechend jungen Webauftritt ist es oft erst einmal wichtig, eine Basis an Inhalten zu schaffen, um Suchmaschinen zu signalisieren, um welche Produkte oder um welche Dienstleistungen es überhaupt geht und in welchem Zusammenhang sie stehen. Ein wichtiges Thema in dieser frühen Phase sind informierende Texte zum eigenen Unternehmen wie Unternehmensprofile, hilfreiche Antworten auf Nutzerfragen zum eigenen Angebot, ansprechende Bilder und Beschreibungen des eigenen Produktangebots und schließlich die strukturierte Kennzeichnung jedes einzelnen Produkts.

  Beispiel: `http://herrfliege.de/`

- Geht es um **komplexere, erklärungsbedürftige Dienstleistungen** wie etwa Versicherungen oder Finanzprodukte, können Themenwelten aufgebaut werden, die klären, für welche Lebensphasen die Leistungen bestimmt sind oder auch welche Produktelemente individuell konfiguriert werden können und welche zum Standardpaket gehören. Häufig arbeiten solche Unternehmen auch mit Testimonials, das heißt mit Porträts zufriedener Kunden, für die das Produkt gestaltet worden ist.

  Beispiel: `https://www.codecademy.com/`

- Geht es um **Lifestyle-Produkte** wie zum Beispiel Trendfood/Diäten, Mode oder auch Uhren und Schmuck, liegt der Fokus oft auf dem Aufbau starker Bildwelten und personalisierter Storys rund um die Produkte. Oft entstehen die Inhalte in Kooperation mit Bloggern,

Instagramern oder YouTubern, die als Content-Partner in der Pro-
duktions- und Distributionsphase gezielt eingesetzt werden. Die
Kooperationspartner werden auf Basis ihrer Reichweite und Popularität in der relevanten Zielgruppe ausgewählt.

Beispiel: `https://www.instagram.com/fittea.de/`

- Für **andere Branchen** lohnt es sich hingegen, umfangreiche Ratgeber-Bereiche aufzubauen, um den hohen Informationsbedarf der
  Kunden zu decken. Hierzu zählen beispielsweise E-Commerce-
  Anbieter für Tiernahrungsmittel und -zubehör (Ernährungsratge-
  ber für Hunde/Katzen), Marktplätze für Gebraucht-Pkw (Modellver-
  zeichnisse, Kaufratgeber) oder auch Online-Buchhändler (User-
  Rezensionen).

  Beispiel: `https://www.fressnapf.de/ratgeber/kategorie/hund`

Was ist für mich und meine Zielgruppe relevant?

Guter Content entsteht im Spannungsfeld zwischen Ihrem Produkt-
Angebot und den Bedürfnissen Ihrer Nutzer. Stellen Sie sich folgende Fragen:

Welche Bedürfnisse stecken hinter dem Bedarf an meinen Produkten? Ist es das Bedürfnis nach Hygiene und Sauberkeit? Das nach
Harmonie und Sicherheit? Das nach Abenteuer und Freiheit? Oder
das nach Luxus und Genuss?

Je nachdem, wie Ihre Antwort ausfällt, haben Sie bereits einen ersten Schritt getan und sich Ihren Produkten aus der Sicht Ihrer Nutzer genähert. Die grundlegenden Bedürfnisse können Sie häufig
mit Bildwelten auffangen – Sie gewinnen eine Vorstellung davon,
welche Bildwelten Sie entwerfen müssen. Abenteurer wollen das
Abenteuer und die Action im Bild sehen, Harmonie-Menschen wollen ruhige Oasen erkennen und Inseln im Alltag für sich entdecken.

Gehen Sie jetzt eine Stufe tiefer und überlegen Sie sich, wofür Ihre
Zielgruppe Ihre Produkte einsetzt: Auf Reisen? Im Wohnalltag? Zur
Vermehrung des Geldvermögens? Zur Verbesserung der Be-
rufschancen? Zur Maximierung der Rendite?

Sie tauchen jetzt ein in den Kontext, in dem Ihre Produkte im Alltag Ihrer Kunden stattfinden. Es ist der Kontext, in dem Ihre Ratgeber- und Magazinthemen stattfinden. Es ist der Kontext für Ihre textbasierten Inhalte, mit denen Sie auf Suchanfragen der Nutzer in frühen Phasen der Customer Journey eingehen. Es ist auch der Kontext, in dem Sie eigene Themen setzen und Ihre Marke positionieren können – etwa über serielle Inhalte in einem Blog-Format. Geeignete Methoden dafür lernen Sie im Weiteren kennen.

3.2.2 Kernfrage: Was wollen die Kunden?

Für alle im vorherigen Abschnitt aufgelisteten Unternehmenstypen und Branchen ist ein Planungsgrundsatz entscheidend: Die Themen und Inhalte sollten niemals aus der Luft gegriffen sein, sondern sich auf echte Kundenpräferenzen beziehen. Die wichtigste Herausforderung für die Themenplanung ist es daher, relevante Daten zu recherchieren und zusammenzustellen, aus denen sich Kundeninteressen herauslesen lassen.

Wie finden Sie solche Daten? Hier eine Liste der wichtigsten Quellen:

- Brainstorming und Hypothesen
- Audience Insights der Social Networks (z.B. Facebook)
- Keyword-Recherchen (Google Keyword Planner)
- Trend-Recherchen (Google Trends)
- Die Auswertung der Dialoge in Online-Communitys und -Foren
- Die Auswertung eigener Social-Media-Profile/Social Media Analytics
- Die Auswertung der Traffic-Ströme auf der eigenen Website/Website Analytics
- Marktforschungs-Studien
- Eigene Kundenbefragungen
- Wettbewerbsanalysen
- Medien-Monitoring/Influencer Media Monitoring

3.3 Themen finden auf Basis von Keywords und Suchtrends

Die Keyword-Recherche dient im Content Marketing verschiedenen Zwecken.

■ Zum einen dient sie dazu, bereits feststehende Themen so zu optimieren, dass sie von Online-Nutzern entdeckt werden können. Zu den feststehenden Themen gehören grundlegende Produkt- und Unternehmensinformationen. Wie Sie hierfür eine gute Auffindbarkeit sicherstellen können, darauf geht insbesondere Kapitel 6, »Bereitstellung von Content für Suchmaschinen«, in diesem Buch näher ein.

■ Zum anderen ist die Keyword-Recherche und Keyword-Analyse eine geeignete Methode, das Themeninteresse der Nutzer zu erforschen, die Sie mit Ihrem Online-Angebot ansprechen möchten. In diesem Fall dienen Keyword-Recherchen nicht der Absicherung feststehender Themen, sondern helfen Ihnen dabei, relevante Themen zu identifizieren.

Das Abtauchen in die Welt der Keywords ist immer auch ein Eintauchen in die Welt der Nutzer. Und das wiederum entspricht voll und ganz der Idee von Content Marketing. Ein Beispiel aus der Automotive-Branche zeigt, wie eine Keyword-Recherche in Vorbereitung eines Themenplans funktionieren kann:

Zunächst wird online gezielt nach Studien zum Verhalten von Gebrauchtwagenkäufern gesucht. Schnell ergibt sich eine große Auswahl, da der deutsche Fahrzeugmarkt sehr intensiv erforscht wird. Besonders interessant sind Studien, die verschiedene Kaufphasen beleuchten oder gleich explizit im Studien-Titel auf die Customer Journey eingehen. Auf diese Art kann schnell ein Überblick über die Bedürfnisse der potenziellen Käufer gewonnen werden.

Die wichtigsten Erkenntnisse aus den Studien werden festgehalten: Wie viele Kaufphasen werden unterschieden und welche Bedürfnisse haben die Interessenten je nach Phase? Hier ein zusammenfassendes Ergebnis:

Orientierungsphase:

Interessenten wollen erfahren, welche Auswahl von Fahrzeugen für ihr Budget auf dem Markt verfügbar ist. Sie wägen ab, ob sie sich einen Neuwagen leisten möchten oder ob ein Gebrauchtfahrzeug genügt. Darüber hinaus wollen sie wissen, welches die verschiedenen Marktplätze und Informationsstellen sind, wo sie ihren Kaufwunsch spezifizieren können.

Spezifizierungsphase:

Interessenten beziehen mehrere Marken und Modelle mit vergleichbaren Merkmalen in eine engere Auswahl ein. Im Fokus steht zum einen das Preis-Leistungs-Verhältnis, zum anderen die Frage, welches Fahrzeug am besten zu persönlichen Vorlieben passt.

Entscheidungsphase:

Interessenten wägen die Stärken und Schwächen verschiedener Modelle gegeneinander ab und beziehen die Meinung von Experten, Fachmedien, Communitys und Freunden und Verwandten mit ein. Schließlich wählen sie einen Händler und ein Angebot und entscheiden nach einer Testfahrt und einem Händlergespräch, ob sie kaufen möchten.

After-Sales-Phase:

Fahrzeugbesitzer interessieren sich zunächst für Modalitäten der Fahrzeug-Zulassung, später für Möglichkeiten zur Nachrüstung. In der Besitzphase wird Hilfe bei technischen Problemen benötigt. Eines Tages bereiten sich die Besitzer auf den Wiederverkauf vor.

Keyword-Recherche

Wenn Sie diese Art von Analyse abgeschlossen haben, können Sie mit einem Brainstorming weitermachen und damit die Keyword-Recherche beginnen. Das Brainstorming zielt darauf ab, typische Suchphrasen für jede Phase des Gebrauchtwagenkaufs zu finden. Wenn das Brainstorming nicht die nötigen Inspirationen für Suchphrasen liefert, können Sie sich mit einigen nützlichen Tools behelfen. Das kostenlose

Tool keywordtool.io beispielsweise listet zu einem Suchbegriff weitere Keywords auf, die häufig in Zusammenhang mit dem Hauptsuchbegriff in die Google-Suchmaske eingegeben werden. Das Ergebnis Ihres Brainstormings könnte so ähnlich aussehen:

Orientierungsphase:

Gebrauchtwagen kaufen, Gebrauchtwagen von privat, Gebrauchtwagen vom Händler, Gebrauchtwagen unter 10.000 Euro, Gebrauchtwagen unter 5.000 Euro, Gebrauchtwagen unter 1.000 Euro, Jahreswagen gebraucht, Gebrauchtwagen online kaufen, Gebrauchtwagen Ratgeber, Gebrauchtwagen Kauftipp

Spezifizierungsphase:

Audi A4 gebraucht, Audi A4 Kombi gebraucht, Audi A4 Avant gebraucht, Audi A4 Jahreswagen, Audi A4 Diesel gebraucht, Audi A4 TDI gebraucht, Audi A4 allroad gebraucht, Audi A4 Cabrio gebraucht, Audi A4 b7, Audi A4 b8

Entscheidungsphase:

Audi A4 Unterhaltskosten, Audi A4 Neupreis, Audi A4 Test, Audi A4 Probleme, Audi A4 Langzeittest, Gebrauchtwagen Garantie, Gebrauchtwagen Versicherung, Gebrauchtwagen Finanzierung, Gebrauchtwagen Checkliste, Gebrauchtwagen Kaufvertrag

After-Sales-Phase:

Gebrauchtwagen zulassen, Gebrauchtwagen anmelden, Gebrauchtwagen ummelden, Gebrauchtwagen überführen, Audi A4 Xenon nachrüsten, Audi A4 USB nachrüsten, Audi A4 Isofix nachrüsten, Audi A4 Navi nachrüsten, Audi A4 Felgen 18 Zoll, Audi A4 Winterreifen

So übertragen Sie die Methode ganz einfach auf Ihr Business- und Geschäftsmodell: Überlegen Sie sich, welche Phasen für Ihre Kunden relevant sind und welche Inhalte Sie Ihren Kunden in der jeweiligen Phase zur Verfügung stellen könnten. Später müssen Sie dann überlegen, welche Inhalte je nach Phase in welchem Bereich Ihres Web-Angebots platziert werden sollten.

■ In der Orientierungsphase suchen Kunden häufig im engeren Bekanntenkreis nach Ratschlägen und Tipps – heute wird dieser Rat auch über soziale Medien vermittelt. Sie können in dieser Phase unterstützen, indem Sie beispielsweise verschiedene Bedürfnis-Typen zu illustrativen Beispielen aufbereiten. Sie können diese Beispiele prominent auf Ihrer Startseite verlinken und in sozialen Medien dafür werben.

■ In der Spezifizierungsphase können Sie auch Kaufberatung anbieten, indem Sie verschiedene Einsatzzwecke für Ihre Produkte näher beleuchten oder Anwendungsszenarien in Form von Bildern und Geschichten aufbereiten. In dieser Phase spielt die Online-Suche für die Nutzer häufig eine wesentliche Rolle, daher sollten diese Inhalte unbedingt für Suchmaschinen optimiert sein.

■ Dasselbe gilt für die Entscheidungsphase: Hier werden letzte nützliche Informationen sehr nahe an Eigenschaften des Produkts recherchiert. Bereiten Sie daher die Produktinformationen möglichst nutzerfreundlich auf und lassen Sie möglichst keinen Raum für Unklarheiten. Arbeiten Sie mit Fakten, Tabellen und Übersichten. Denken Sie an ausreichende Schriftgrößen und eindeutige Symbole, um die Usability Ihrer Inhalte sicherzustellen.

Keyword-Analyse

Wenn Sie die Keyword-Recherche abgeschlossen haben, sollten Sie im nächsten Schritt die Keywords analysieren. Das tun Sie, indem Sie die Popularität der Suchbegriffe und den Wettbewerb rund um diese Suchbegriffe richtig einschätzen. Für diesen Zweck ist der Google-Keyword-Planer (engl.: Keyword Planner) ein sehr hilfreiches Werkzeug: `https://adwords.google.de/keywordplanner`.

Eigentlich ist der Keyword-Planer dazu da, geeignete Keywordsets für Suchmaschinen-Werbeanzeigen zu finden. Aber Sie können den Planer für Ihre Content-Planung zweckentfremden und Keywords sammeln, die Sie zur thematischen Fokussierung Ihrer Inhalte nutzen wollen.

> ### Hinweis: Google beschränkt den Zugang
>
> Inzwischen hat der Suchmaschinenbetreiber Google den kosten-losen Zugang zu detaillierten Daten begrenzt. Nur noch Nutzer, die regelmäßig Kampagnen mit Google AdWords gestalten, erhalten über den Google-Keyword-Planer die genauen Suchvolumina für Keywords aufgeschlüsselt. Nutzer, die keine Suchanzeigen schalten möchten und dennoch detaillierte Angaben zu Keywords benötigen, können aber auf Alternativ-Angebote zurückgreifen. Der Keyword Planner von SEMRUSH (`https://de.semrush.com/features/keyword-research/`) und der ahrefs Keywords Explorer (`https://ahrefs.com/de/keywords-explorer`) sind Beispiele hierfür.

Wenn Sie den Keyword-Planer für Ihre Keyword-Recherchen nutzen können, gehen Sie wie folgt vor: Klicken Sie im Keyword-Planer unter der Überschrift NEUE KEYWORDS FINDEN UND DATEN ZUM SUCHVOLU-MEN ABRUFEN auf die Drop-down-Funktion DATEN ZUM SUCHVOLUMEN UND TRENDS ABRUFEN.

Keyword-Planer

Wo möchten Sie anfangen?

🔍 Neue Keywords finden und Daten zum Suchvolumen abrufen

▸ Mithilfe einer Wortgruppe, einer Website oder einer Kategorie nach neuen Keywords suchen

▸ Daten zum Suchvolumen und Trends abrufen

▸ Keyword-Listen vervielfachen, um neue Keywords zu erhalten

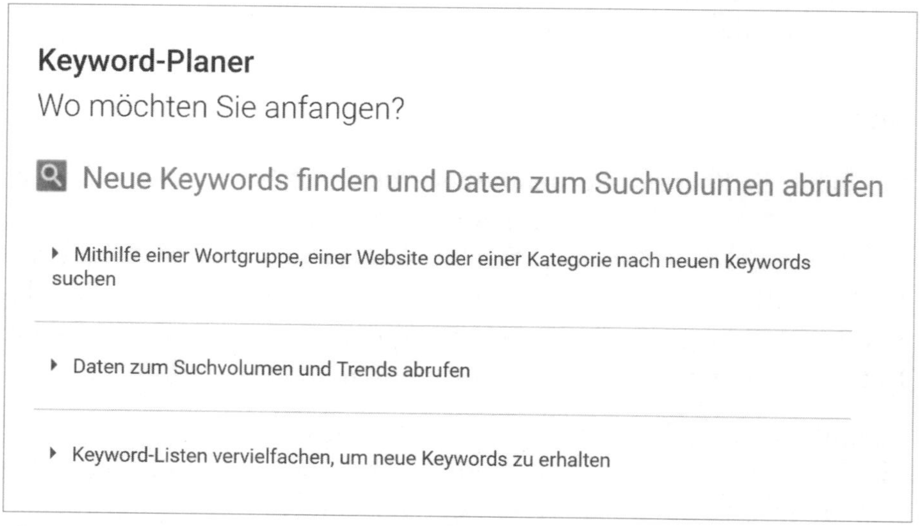

Abb. 3.1: Google-Keyword-Planer Intro-Menü (Screenshot)

Fügen Sie Ihre Keyword-Liste getrennt durch Kommata in das Einga-befenster ein.

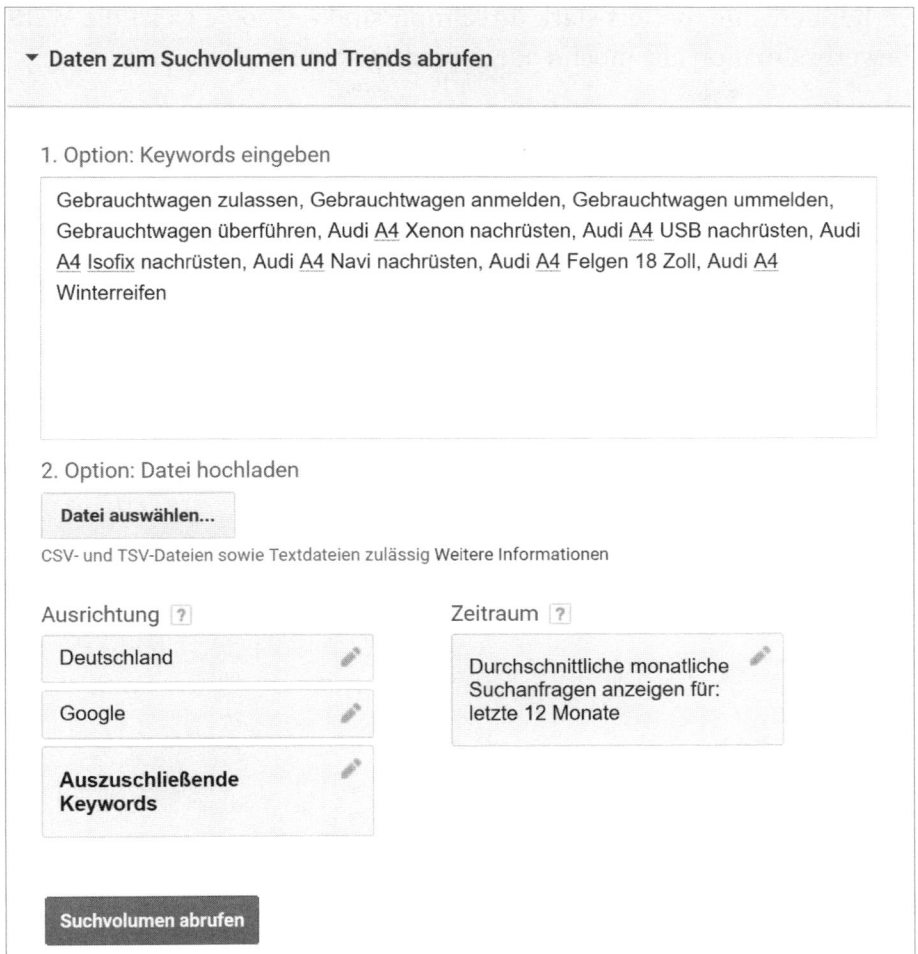

Abb. 3.2: Google-Keyword-Planer: Keyword-Eingabe (Screenshot)

Als Ergebnis erhalten Sie eine Liste, die zu jedem der eingegebenen Suchphrasen die monatlichen Suchhäufigkeiten zeigt und dazu eine Einschätzung zum Wettbewerb rund um jeden Suchbegriff. Die Suchhäufigkeiten bieten Ihnen einen wichtigen Hinweis darauf, ob der von Ihnen gewählte Begriff eine relevante Nutzerintention abdeckt. Die Ergebnisliste zeigt, dass jeder der im Brainstorming gewonnenen Begriffe monatlich mehrere Suchanfragen erhält. Wenn Sie Content dazu planen, können Sie also zumindest schon einmal sicher sein, dass sie damit den Nerv einer Nutzergruppe treffen. Die Ergebnisliste zeigt darüber hinaus, dass jene Suchbegriffe, die eng mit Produkten verbunden sind, bereits stark umkämpft sind – Google weist die Wettbewerbssituation als »hoch« oder »niedrig« aus.

Keyword (nach Relevanz)		Durchschnittl. Suchanfragen pro Monat [?]	Wettbewerb [?]	Vorgeschlagenes Gebot [?]	Anteil an Anz.im	Zu Plan hinzufügen
audi a4 felgen 18 zoll	⌁	260	Hoch	0,20 €		»
gebrauchtwagen anmelden	⌁	260	Niedrig	0,77 €		»
audi a4 winterreifen	⌁	210	Hoch	0,40 €		»
gebrauchtwagen zulassen	⌁	170	Niedrig	–		»
audi a4 navi nachrüsten	⌁	110	Hoch	0,14 €		»
gebrauchtwagen ummelden	⌁	110	Niedrig	–		»
gebrauchtwagen überführen	⌁	140	Niedrig	1,09 €		»
audi a4 isofix nachrüsten	⌁	40	Mittel	0,19 €		»
audi a4 xenon nachrüsten	⌁	40	Hoch	0,64 €		»
audi a4 usb nachrüsten	⌁	30	Hoch	0,06 €		»

Abb. 3.3: Google-Keyword-Planer: Ergebnis (Screenshot)

Keyword Clustering

Nachdem Sie die Suchhäufigkeiten für Ihre Keywords bestimmt haben, geht es im nächsten Schritt darum, die Keywords nach der Verwendbarkeit im Content Marketing zu bewerten. Dazu dient das Keyword Clustering, also das Zusammenfassen mehrerer Keywords in verschiedenen Kategorien. Die wichtigste Form des Clusterings ist hierbei die Ordnung nach der Suchintention.

Google unterscheidet grundsätzlich drei verschiedene Suchintentionen, nämlich Informational, Navigational und Transactional Search:

■ **Informational Search**: Der Nutzer sucht nach einer bestimmten Information und gibt daher eine ganze Frage oder eine stark verkürzte Form einer Informationsanfrage in das Suchfenster ein. »Ratgeber Gebrauchtwagenkauf« oder auch »Pizza Rezept« sind Beispiele für einen typischen Informational Search. Dahinter steht die Intention des Nutzers, mehr darüber zu erfahren, wie er sich selbst eine gute Pizza zubereiten kann.

■ **Navigational Search:** Der Nutzer sucht nach einem ganz bestimmten Anbieter oder nach einem ganz bestimmten Dokument oder gezielt nach einer ganz bestimmten Adresse im Web. Typische Suchphrasen für Navigational Search wären »Autohändler München« oder »pdf Ratgeber Gebrauchtwagenkauf« oder auch »Content-Marketing-Lexikon«.

■ **Transactional Search:** Der Nutzer zeigt durch die Formulierung seiner Suchanfrage an, dass er eine Transaktion plant oder abschließen möchte. Typische Beispiele für Transactional Search sind »Content-Marketing-Buch kaufen«, »Poloshirt« oder auch »Ratenkredit«.

Für das Content Marketing besonders interessant ist das Informational Search – die Suchphrasen geben einen Hinweis darauf, wo die Nutzer häufige Wissenslücken haben oder nach welchem Rat sie im Umfeld von Kauf- oder Handlungsentscheidungen suchen. Gehen Sie methodisch schrittweise vor. Sie können sich dabei an diesen Punkten orientieren:

1. Suchen Sie nach Studien in Ihrem Marktumfeld, die sich mit der Customer Journey in Ihrer Branche beschäftigen, oder orientieren Sie sich an eigenen Erfahrungswerten. Überlegen Sie, welche Fragen in welcher Phase der Customer Journey relevant sind.

2. Formulieren Sie die Fragen möglichst variantenreich in verschiedene Suchphrasen um, die sich aus einem oder mehreren Keywords zusammensetzen. Lassen Sie sich hierbei von kostenlosen Tools wie keywordtool.io unterstützen.

3. Analysieren Sie die Keywords nach Suchhäufigkeiten. Gestalten Sie eine Tabelle geordnet nach der Suchhäufigkeit.

4. Arbeiten Sie nun mit der Tabelle weiter, indem Sie die Suchbegriffe nach Suchintentionen ordnen. Filtern Sie die Suchbegriffe heraus, die »Informational Search« sind.

5. Suchen Sie im nächsten Schritt nach solchen Informational Keywords mit »strukturierender Eigenschaft« – das sind Begriffe, die Sie sich als Hauptüberschrift für einen längeren Ratgeber-Beitrag vorstellen können, wie beispielsweise »Ratgeber Gebrauchtwagenkauf«.

6. Ordnen Sie anschließend diesen Haupt-Überschrift-Keywords weitere Keywords hinzu, die Sie sich in Neben-Überschriften unter dieser Haupt-Überschrift vorstellen können. Das könnte etwa »Gebrauchtwagen von Privat oder vom Händler kaufen«, »Die Gebrauchtwagen-Probefahrt« oder auch »Den Gebrauchtwagen anmelden« sein. Auf diese Art gelingen Ihnen umfassende Beiträge zu einem relevanten Thema.

7. Überlegen Sie sich jetzt den Inhalt für den kompletten Text. Denken Sie darüber nach, welche Teilaspekte des Themas Sie in Tabellen, Grafiken, Bildern oder Videos auslagern könnten. Stellen Sie sich dazu Ihren Beitrag als Magazinbeitrag oder Artikel in einer Wochenzeitschrift vor. Beziehen Sie die gängigen Video- und Fotoplattformen in Ihre Analysen ein und suchen Sie gezielt nach existierenden Beiträgen zu Themen, die Sie abdecken möchten. Sehen Sie sich Nutzerwertungen wie Likes, Shares und Kommentare an, um Rückschlüsse zu ziehen, welche »Machart« das Publikum besonders honoriert.

So gelangen Sie schrittweise von einzelnen Keywords bis zu fertigen Themen. Es ist ein weiter Weg, der Stunden und Tage in Anspruch nehmen kann. Aber er lohnt sich – denn es ist ein sicherer Weg, um Themen zu finden, die das Publikum wirklich interessieren.

Eines müssen Sie allerdings bedenken: Auch Ihre Konkurrenten denken fleißig über frischen Content nach und bedienen sich ähnlicher Methoden. Deswegen kommt als nächster Planungsaspekt der Content-Wettbewerb ins Spiel. Denn das Ziel im Content Marketing sind nicht irgendwelche Inhalte, sondern solche, mit denen Sie herausragen, sichtbar sind und Besucher generieren können.

3.3.1 Positionierung im Content-Wettbewerb

> **Hinweis: Branchenwettbewerb versus Content-Wettbewerb**
>
> Achtung: Der im Keyword-Planer angegebene Wettbewerb bezieht sich lediglich auf die Verwendung der Suchbegriffe in Google-AdWords-Anzeigen. **Dieser Wert sagt also noch nichts über den Wettbewerb in organischen Suchergebnissen aus.** Diesen müssen Sie jedoch einschätzen können, wenn Sie für Ihre Marketingziele eine gute Sichtbarkeit in Suchmaschinen anstreben. Nur so können Sie entscheiden, welchen Aufwand Sie für Ihren Content mindestens einplanen müssen, um im Konkurrenzumfeld eine Chance zu haben.
>
> Wie Sie schnell feststellen werden, ist Ihre Content-Konkurrenz umfassender als Ihre direkte Branchenkonkurrenz. **Um hohe Positionen im Suchmaschinenranking auf Ihre relevanten Begriffe zu erzielen, müssen Sie sich gegen die gesamte Content-Konkurrenz durchsetzen – nicht nur gegen die Wettbewerber in Ihrer eigenen Branche!**

Sehen Sie sich beispielsweise einmal den Content-Wettbewerb rund um die Suchphrase »Xenon nachrüsten« an. Geben Sie dazu einfach den Suchbegriff in das Google-Suchfenster ein. Die folgende Abbildung zeigt das Suchergebnis für den 10. April 2017.

Wie Sie sehen, findet sich unter den Top-Ergebnissen von Google eine große Auswahl an Content-Anbietern:

- Journalistische Nachrichtenportale (autobild)
- Markenproduzenten von Leuchtmitteln (Osram/autolichtblog)
- Prüfanstalten (TÜV)
- Online-Communitys (motortalk)
- Marktplätze (eBay)

Abb. 3.4: Google-Search-Ergebnis für »Xenon nachrüsten« (Screenshot)

Jeder dieser Content-Anbieter verfolgt unterschiedliche Marketing-Ziele, die mit dem Thema »Xenonlicht im Auto« zusammenhängen.

- Das Nachrichtenportal möchte sich als relevante Informations-quelle und attraktiver Online-Werbepartner positionieren.

- Der Leuchtmittelhersteller sucht mit dem Blog gezielt den Kunden-dialog und möchte das Markenbewusstsein fördern.

- Der TÜV möchte seine Kompetenz für die Sicherheit unterstrei-chen und sein Angebot für Sondergutachten rund um getunte oder umgerüstete Fahrzeuge bewerben.

- Der Marktplatz möchte nicht nur durch Produkte, sondern auch durch Kauftipps auf sich aufmerksam machen und so neue Kunden anlocken.

- Der über die Online-Community generierte Traffic soll die Auf-merksamkeit auf verschiedene, mit der Community in Verbindung stehende Partner-Portale lenken.

Alle Anbieter zielen mit ihrem Content auf die Zielgruppe »Fahrzeug-besitzer« und allesamt setzen sie als Teilstrategie darauf, eine hohe Sichtbarkeit in Suchmaschinen zu erlangen.

Das zeigt: Während Sie sich als Online-Shop-Betreiber mit Ihren Pro-dukten im Preis- und Leistungs-Wettbewerb innerhalb Ihrer Branche durchsetzen müssen, müssen Sie sich als Content-Anbieter weit über die eigene Branche hinaus im Content-Wettbewerb durchsetzen. Das schaffen Sie nur, wenn Sie nicht nur die für Ihre Zielgruppen relevan-ten Themen richtig planen, sondern auch die passenden Formate dafür finden und die richtigen Kanäle für die Distribution Ihrer Inhalte auswählen.

Beispiel für die Nutzung von Google Trends

Eine wirksame Strategie, um sich im Content-Wettbewerb durchzuset-zen, ist das gezielte Ausloten und Besetzen von Trends, ehe andere es tun.

Nehmen wir an, Sie haben in Ihrer Keyword-Recherche ein hohes Suchvolumen zu dem Begriff »Xenon nachrüsten« festgestellt. Was Sie nicht wissen, ist, ob dieser Suchtrend ansteigt oder abflaut. Ebenso wenig wissen Sie genau, seit wann sich dieser Trend manifestiert.

Hier hilft Ihnen das kostenlose Tool Google Trends `https://www. google.de/trends/` weiter. Das Ergebnis für den Begriff »Xenon nachrüsten« sehen Sie in Abbildung 3.5.

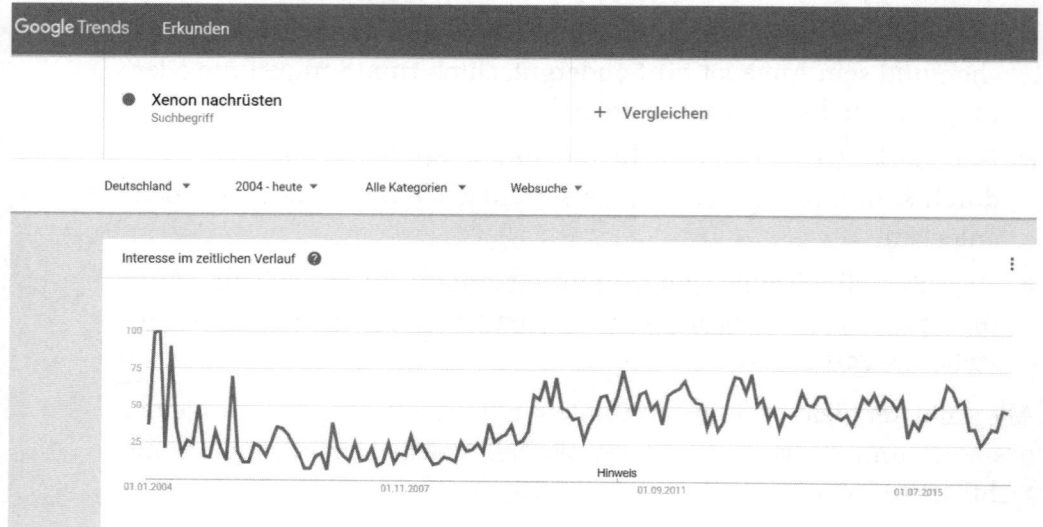

Abb. 3.5: Google Trends: Ergebnis für »Xenon nachrüsten« (Screenshot)

Die Trendanalyse zeigt mehrere Dinge:

1. Der Suchtrend »Xenon nachrüsten« ist keinesfalls neu.
2. Der Trend ist robust, zeigt aber saisonale Schwankungen.
3. Peaks fallen auf die Wintermonate Dezember/Januar.
4. Es deutet sich ein leicht abflauender Trend an.

Bei diesem Ergebnis ist davon auszugehen, dass Content-Wettbewerber bereits zum Thema veröffentlicht haben. Ein Neueinstieg ist daher verbunden mit der Anstrengung, sich mit besserem Content durchzusetzen. Der Peak in den Wintermonaten könnte mit schlechter Sicht in der dunklen Jahreszeit zu tun haben. Ein wertvoller Hinweis für die Aufbereitung des Themas sowie die Distribution der Inhalte zur richtigen Zeit.

Tipp: Wettbewerb und Trend als Planungshelfer Nr. 1

Wenn Sie z.B. auf Basis von Keywords und Clustering einen ersten Themenplan verfasst haben, schauen Sie als Nächstes auf den Wettbewerb und die Suchtrends. Nehmen Sie sich dazu die Hauptüberschriften-Keywords vor, die Sie für besonders vielversprechend halten. Gehen Sie nun so vor:

1. Schauen Sie sich das Content-Angebot der Wettbewerber zu diesen Hauptüberschriften an. Lassen Sie sich nicht entmutigen, wenn einige Portale sehr ansehnliche und beeindruckende Content-Stücke dazu produziert haben. Sehen Sie es als wertvolle Inspiration und Ansporn, die Leistung zu übertreffen. Sehen Sie sich genau an, wie erfolgreiche Wettbewerber den Content strukturieren und aufbereiten und welche Formate sie wählen. Sehen Sie sich an, welcher Webseiten-Bereich gewählt wurde, um die Themen zu verankern. Fragen Sie sich, welchen Mehrwert der Nutzer aus dieser Art der Themenaufbereitung zieht. Achten Sie außerdem auf alle Hinweise darauf, wie Themen- und Produktwelt miteinander verbunden sind. Überlegen Sie, warum welche Entscheidung wie gefallen sein könnte. Damit können Sie schneller einen Plan für Ihr eigenes Content-Angebot fassen.

2. Geben Sie die wichtigsten Keywords auch bei Google Trends ein und analysieren Sie die Lage: Ist der Trend noch jung? Dann sollten Sie schnellstmöglich anfangen, Content dazu zu produzieren. Ist der Trend bereits etwas älter, zeigt aber deutliche Peaks und Lows im Jahresverlauf? Notieren Sie sich die Peak-Zeiträume und überlegen Sie, was die Auslöser sind. Bereiten Sie Ihren Content so vor, dass er bereits rund einen Monat vor den Peak-Zeitpunkten veröffentlicht werden kann. Erhöhen Sie die Aufmerksamkeit für Ihren Content, indem Sie zu den Peak-Zeitpunkten die Inhalte nicht nur auf Ihrem eigenen Content Hub, sondern auch in sozialen Netzwerken oder auf Partner-Plattformen verbreiten. Je nach Relevanz des Themas für Ihr Kerngeschäft können Sie dazu auch bezahlte Verbreitungsformen mit einbeziehen.

3.4 Formatplanung

In der Frage, welches Format der geplante Content annehmen soll, steht erneut der Nutzer im Mittelpunkt. Als Content-Marketer möchten wir unsere Inhalte so präsentieren, dass das Zielpublikum damit interagiert. Plakativ ausgedrückt: Kein Inhalt erreicht sein Ziel ohne die richtige Verpackung!

Die drei grundlegenden Arten, um Themen aufzubereiten, sind Text, Bild und Video. Aus diesen drei Komponenten setzen sich alle komplexeren Formate zusammen, wie etwa Ratgeber, Whitepaper, Listen, Tutorials, Artikel oder Posts. Wo erhalte ich Hinweise darauf, was die Nutzer wollen?

Sehr wertvolle Hinweise bieten Erkenntnisse über das menschliche Gehirn. Bedingt durch die Evolution kann es über die Augen und Sehnerven aufgenommene und weitergeleitete Reize sehr gut verarbeiten. Kein Wunder, sondern schiere Notwendigkeit: Visuelle Umweltreize schnell aufzunehmen und daraus Handlungen abzuleiten, sicherte unseren Urahnen das Überleben.

Wissenschaftlich weitgehend unbestritten ist die Feststellung: Wir können Bilder schneller verarbeiten als Text. Wie effektiv Bilder sind, hängt aber zusätzlich noch mit der verknüpften Botschaft zusammen: Bilder beeindrucken uns besonders, wenn sie emotionale Botschaften transportieren. Kommen noch bestimmte prägende Symbole hinzu, reagieren wir besonders stark. Zu diesen Symbolen gehört das berühmte »Kindchenschema«, also die typischen Proportionen eines Baby-Gesichts. Das erklärt die vielen Hunde- und Katzenbaby-Fotos, mit denen Marken, aber auch Nutzer die sozialen Medien fluten.

Tipp: Zum Wert von Bildern

In einem Kontext, in dem der Nutzer nur wenig Zeit hat und zudem eine emotionale Botschaft transportiert werden soll, sind Bilder oder bewegte Bilder sehr effizient. Als solch ein Kontext sind sicher die sozialen Medien zu sehen, die häufig zur Steigerung des Markenbewusstseins eingesetzt werden, allen voran Facebook und Instagram. Und es verwundert nicht, dass sich Twitter vom anfänglich textbasierten Medium immer weiter für Bilder geöffnet hat.

Nicht nur die Evolution prägt uns. Auch die Digitalisierung. Wie stark inzwischen die zunehmend digitale Medienlandschaft auf das Nutzungsverhalten Einfluss nimmt, belegt eine Studie von Microsoft zur Entwicklung der Aufmerksamkeitsspanne. An einem repräsentativen Ausschnitt der kanadischen Bevölkerung stellte Microsoft fest, dass die Aufmerksamkeitsspanne, die für einzelne digitale Inhalte zur Verfügung steht, nur noch acht Sekunden beträgt. Die Quelle für die Studie ist:

```
https://advertising.microsoft.com/en/WWDocs/User/
display/cl/researchreport/31966/en/microsoft-
attention-spans-research-report.pdf
```

Im Licht solcher Erkenntnisse hat sich in den Jahren 2015 und 2016 vor allem in der englischsprachigen Content-Marketing-Community ein regelrechter Hype um sogenannten »Snack Content« entwickelt, nach dem Motto: Wenn die Menschen keine Zeit für ein Menü haben, bereiten wir eben Häppchen zu. Das würde heißen: Zerpflücken Sie jedes Thema in möglichst kleine Portionen, unterteilen Sie lange Texte in leicht konsumierbare Abschnitte, schneiden Sie lieber kürzere als längere Videos und erzählen Sie eine Story in möglichst wenig Bildern.

Es lohnt sich, die Microsoft-Studie noch etwas genauer anzusehen. Wie sich herausstellt, zeigt sie auch einen Zusammenhang zwischen dem Lebensstil und der Art der Interaktion mit Inhalten. Unter den Probanden zeigten jene besonders häufig eine oft sehr kurzzeitige, dafür intensive Auseinandersetzung mit Inhalten, deren Lebensstil besonders »digital« war, die also ihren Alltag mit Laptop und Smartphone bestreiten und immer online sind. Aus der Studie lassen sich wertvolle Hinweise für die Formatfrage ableiten:

1. In unserem zunehmend digital vernetzten Alltag sind Nutzer leichter abzulenken durch Inhalte, von denen ein starker Reiz ausgeht (z.B. durch emotionale Ansprache verbunden mit klarem Call-to-Action).

2. Gleichzeitig wird es dadurch schwerer, die Nutzeraufmerksamkeit zu halten. Ein Ausweg sind seriell geplante, interaktive Inhalte, die stetig ausgespielt werden, die aber einen inneren Zusammenhang, also eine Konsistenz bieten (z.B. wiederkehrende Bildsymbolik).

3. Nicht zuletzt wird es unabdingbar, sämtlichen nachgelagerten Content für Nutzer, deren Aufmerksamkeit wir durch starke Reize gewinnen konnten, für einen möglichst reibungsfreien Content-Konsum und klare Nutzerführung zu optimieren.

Für das Content Marketing sind solche Erkenntnisse interessant, wenn wir die richtigen Schlüsse daraus ziehen. Wir müssen innehalten und uns vergegenwärtigen, dass Suchmaschinen zum Teil andere Ansprüche stellen als Nutzer – oft sind es längere Texte, die Suchmaschinen als Indiz dafür werten können, dass es sich bei einer URL um eine relevante Quelle für ein bestimmtes Thema handelt.

Umgekehrt interessieren sich die Nutzer stark für bildhaften Content und sie konsumieren darüber hinaus Inhalte gerne in Häppchen.

Viele Marken begegnen dieser Herausforderung, indem sie kurze, prägnante und bildstarke Inhalte vor allem über Social Media ausspielen. Die Social-Media-Inhalte wirken als Anreiz dafür, ein tiefergehendes und breiter angelegtes Content-Angebot auf der eigenen Website zu entdecken. Im übertragenen Sinn ließe sich auch sagen, dass ein einzelner Treffer auf einer Suchergebnisseite, das sog. »Snippet«, auch ein sehr wichtiges »Häppchen« ist auf dem Weg des Nutzers in Ihr Content-Angebot und Ihre Shop-Welt.

Auf der eigenen Webseite wird das Content-Angebot dann als appetitliches »Menü« präsentiert, d.h. mit anregenden Bildern und in Kacheloptik gestalteten Übersichten über eine Vielzahl an Themen. Auf diese Art entstehen Ratgeber- und Themenwelten, die von den Nutzern nach eigener Lust und Laune entdeckt werden können.

Und selbst wenn Sie längere zusammenhängende Content-Stücke wie etwa einen Gebrauchtwagen-Ratgeber planen, können Sie sich an der »Häppchen-Logik« orientieren: Geben Sie jedem Text eine gute Struktur, nutzen Sie eine Sprungmarken-Navigation, um dem User das schnelle Springen über Subüberschriften zu ermöglichen.

Tipp: Schnelle Ideen für Formate mit dem »Cheat-Sheet«

Die Idee von »Cheat-Sheets« ist es, schnell neue Ideen zu generieren. Um auf neue Format-Ideen zu kommen, bietet sich eine schlichte Liste an, um die Möglichkeiten jederzeit vor Augen zu haben. Neben jedes Item auf der Liste platzieren Sie dann in Gedanken oder schriftlich das Keyword, das Ihr Thema am zutreffendsten beschreibt. Dort, wo Ihr Bauch zurückmeldet: »Das ergibt Sinn«, können Sie mit einer Wettbewerbs-Analyse fortfahren und Ihre Idee entwickeln. Hier ein Vorschlag für die Liste:

[Themen-Keyword] Tabelle

[Themen-Keyword] Ratgeber

[Themen-Keyword] FAQ

[Themen-Keyword] Infografik

[Themen-Keyword] Video

[Themen-Keyword] Webinar

[Themen-Keyword] Whitepaper

[Themen-Keyword] Umfrage

[Themen-Keyword] Studie

[Themen-Keyword] Top 10 / Top 5

[Themen-Keyword] Podcast

[Themen-Keyword] Interview

[Themen-Keyword] Event

[Themen-Keyword] Tutorial

[Themen-Keyword] Case Study

[Themen-Keyword] Liste

[Themen-Keyword] Wettbewerb / Gewinnspiel

[Themen-Keyword] Karte / Map

[Themen-Keyword] Lexikon / Wiki

[Themen-Keyword] Quiz

[Themen-Keyword] ... in Zahlen

[Themen-Keyword] ... auf einen Blick

Das Beste zu ... [Themen-Keyword]

Die häufigsten Gründe / Fehler ... [Themen-Keyword]

Die Geschichte von ... [Themen-Keyword]

3.5 Kanalplanung

Die schönste Themenplanung nützt nichts, wenn nicht geklärt ist, über welche Kanäle und Mechanismen Ihre Inhalte zu den relevanten Personengruppen gelangen.

3.5.1 Website Analytics geben Gewissheit

Die sicherste Methode für die dauerhafte Auswahl der richtigen Kanäle ist eine Auswertung der Analytics-Daten Ihrer Webseite. Denn sobald neue Nutzer auf Ihre Webseite gelangen, hinterlassen sie dort Spuren. Durch den gezielten Einsatz von Analytics-Tools können Sie anfängliche Annahmen zur Kanalpräferenz Ihrer Nutzer schrittweise in Gewissheit verwandeln.

Gute Website-Analytics-Programme schlüsseln genau auf, über welche Kanäle die Nutzer auf Ihr Webangebot gelangen. Durch das Verknüpfen von Analytics-Daten lässt sich herausfinden, welcher Kanal potenzielle Käufer angelockt hat und über welche weiteren Kanäle eher Nutzer auf Ihre Seite gelangen, die sich zunächst erst einmal informieren oder unterhalten lassen möchten.

3.5.2 Kanalplanung für ein neues Content-Angebot

Häufig kommt es vor, dass es zunächst unklar ist, über welche Kanäle wir unseren Content ausspielen und bewerben sollten. Es gibt mehrere Methoden, um schrittweise eine Antwort auf diese Frage zu finden. Sie umfassen die Auswertung von Studien, von offenen Datenpools und die Beobachtung der Konkurrenz.

Die erste Frage, die in der Kanalplanung in den Mittelpunkt rückt, ist die nach der Rolle digitaler Kanäle wie PC, Tablet und Smartphone im Vergleich zu klassischen Kanälen wie TV, Radio und Print. Zu diesem Thema gibt es eine Fülle an frei verfügbaren Studien.

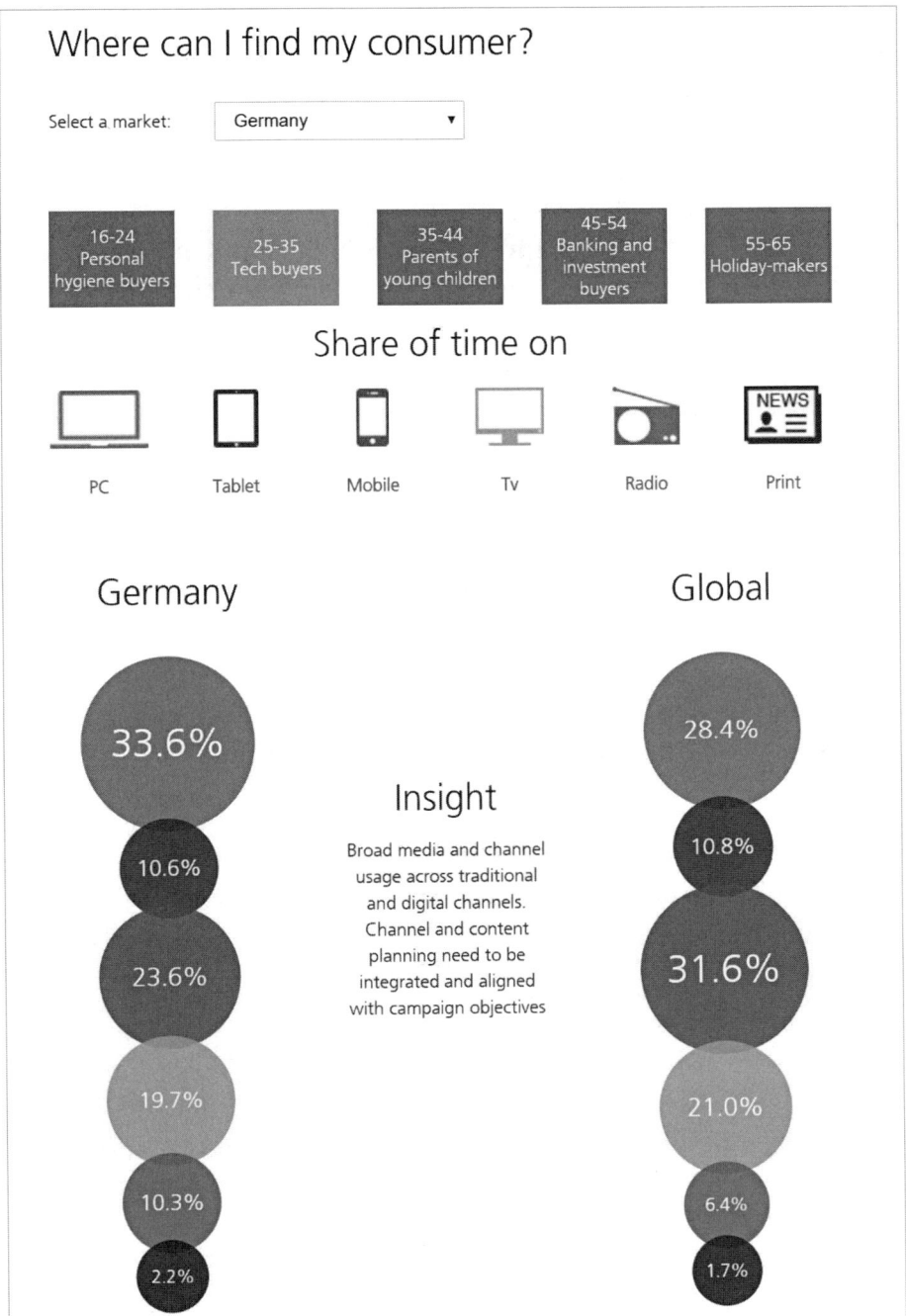

Abb. 3.6: TNSGlobal-Analyse zur Mediennutzung deutscher Konsumenten
(Screenshot)

Besonders praktisch aufbereitete Informationen zur Kanalpräferenz liefert eine umfassende Studie der Marktforschungs-Spezialisten von TNSGlobal. Über die interaktive Website `http://www.tnsglobal.com/get-connected/connected-life` lassen sich die Studienergebnisse nach Ländern filtern. Für den deutschen Markt liegen aufgeschlüsselte Kanalpräferenzen für fünf verschiedene Altersgruppen (Kohorten) vor. Als Basis für die Ermittlung der Kanalpräferenzen dient hier die tägliche Zeit, die Nutzer mit dem jeweiligen Kanal verbringen.

Die Ergebnisse der TNSGlobal-Studie lassen vor allem erkennen, dass sich in der jüngeren Zielgruppe das Smartphone, in der Generation X der PC und in der Generation der Babyboomer das Fernsehgerät besonders stark etabliert haben.

Weitere Studienergebnisse von TNSGlobal zeigen, dass es in den älteren Generationen stetige Nachholbewegungen gibt – ältere Nutzer wagen sich vor in soziale Netze und begeben sich auf Informationssuche im Web. Häufig ist dabei der enge Verwandtenkreis der Auslöser.

3.5.3 Touchpoint-Analyse mit Google

Wertvolle, kostenlose Informationen zu Kanalpräferenzen gibt es auch über ein interaktives Online-Tool von Google mit dem etwas sperrigen Namen »The Customer Journey to Online Purchase«. Es ist abrufbar unter der Adresse `https://www.thinkwithgoogle.com/tools/customer-journey-to-online-purchase.html`.

Die Informationen sind hier nicht nach Nutzergruppen aufgeschlüsselt, sondern nach Branchen. Und anders als TNSGlobal interessiert sich Google ausschließlich für digitale Kanäle. Der Suchmaschinen-Gigant aggregiert Daten zu typischen Kontaktpunkten von Nutzern vor einem Kaufabschluss in einem Online-Shop. Diese Kanäle werden dabei unterschieden:

- **Social:** Nutzer, die über soziale Medien in Kontakt mit der Marke oder dem Angebot treten

- **Referral:** Nutzer, die auf dem Weg zum Kauf andere Webseiten besuchen, um sich zu informieren
- **Display Click:** Nutzer, die durch Werbebanner auf das Angebot oder die Marke aufmerksam werden
- **Organic Search:** Nutzer, die Suchmaschinen bedienen, um Angebote zu studieren und Produktwünsche zu spezifizieren
- **Generic Paid Search:** Nutzer, die auf Suchmaschinen-Werbeanzeigen zu generischen Suchbegriffen klicken
- **Brand Paid Search:** Nutzer, die auf Suchmaschinen-Werbeanzeigen klicken, die auf Marken- oder Markenproduktsuchen optimiert sind
- **E-Mail:** Nutzer, die aufgrund einer E-Mail-Benachrichtigung in Kontakt mit der Marke oder dem Angebot treten
- **Direct:** Nutzer, die direkt die Website der Marke oder des Angebots besuchen

Das Google-Tool stellt die idealtypische Abfolge von kaufvorbereitenden Kanälen für verschiedene Branchen dar. Hier lassen sich also nicht nur die relevanten Kanäle für die eigene Branche schnell identifizieren, sondern zusätzlich abschätzen, in welcher kaufvorbereitenden Phase welcher Kanal eine besonders wichtige Rolle spielt.

Dass diese Abfolge zwischen Branchen, aber auch innerhalb einer Branche und je nach Unternehmensgröße stark variieren kann, zeigt das Google-Think-Rechercheergebnis für die Branchen-Vorauswahl »Shopping Industrie in Deutschland«. Für mittelgroße Unternehmen spielen Social Media eine Rolle in der kaufvorbereitenden Phase, für kleine Unternehmen ist die organische Suche gemäß dieser Auswertung der bedeutendere Akquisekanal.

Mit dem Google-Tool können Sie also einzelne Kanäle den verschiedenen Phasen der Kaufentscheidung zuordnen. Um im nächsten Schritt zu erfahren, welche Bedeutung ein einzelner Kanal für den Traffic-Strom auf Ihre Website erhalten kann, ist die Tool-Software »Similar-Web« eine Option.

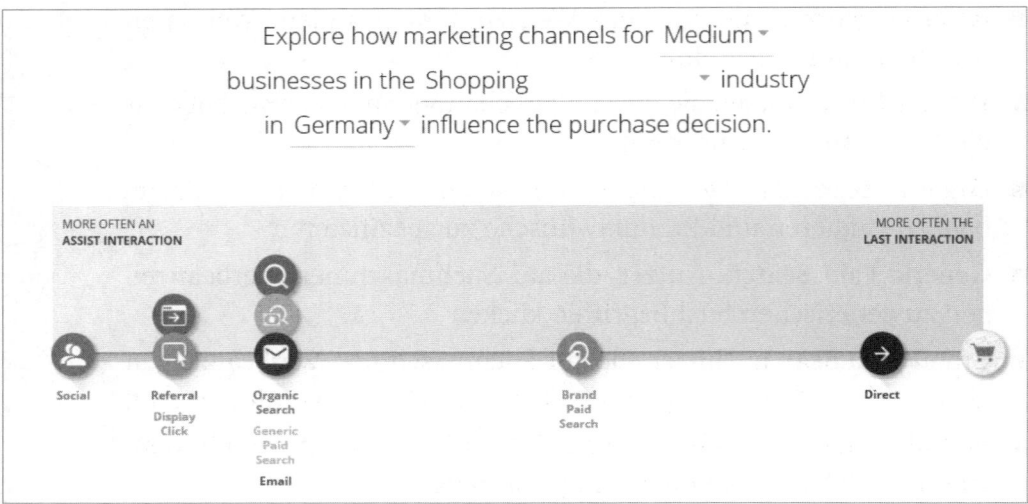

Abb. 3.7: Google-Think-Auswertung für mittelgroße Online-Shops (Screenshot)

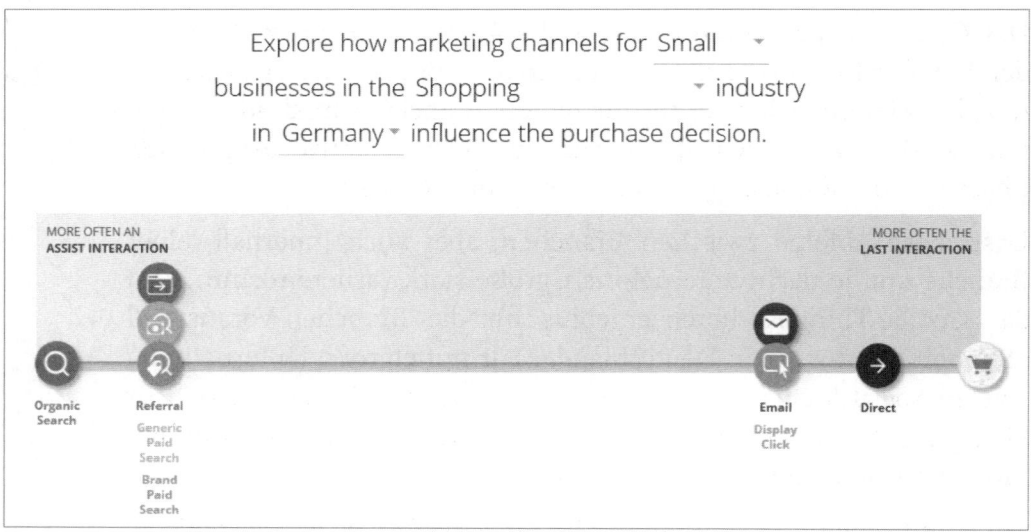

Abb. 3.8: Google-Think-Auswertung für kleine Online-Shops (Screenshot)

Das Tool ist als Browser-Plug-in erhältlich und gewährt bereits in der kostenlosen Basis-Version einen Überblick über die wichtigsten Traffic-Quellen nicht nur Ihres eigenen Angebots, sondern auch über konkurrierende Angebote im Web, wenngleich auch auf stark aggregierter Basis.

Tipp: Zur Auswahl und Priorisierung von Kanälen

Der Tool-Anbieter SimilarWeb gibt regelmäßig Studien zu den wichtigsten Traffic-Quellen für Online-Shops heraus. Dem »Global Search Marketing Report 2016« zufolge waren die wichtigsten Traffic-Quellen für die erfolgreichsten Online-Shops gemessen am prozentualen Anteil am Gesamt-Traffic:

Search: 38,98 % (davon 3,73 % Paid Search)

Direct: 35,88 %

Referrals: 19,34 %

Social: 3,91 %

Display Ads: 1,32 %

Mail: 0,56 %

Die Auswertung unterstreicht die bedeutende Rolle des Suchmaschinen-Traffics für die Online-Shops. Das bedeutet auch für Content-Marketer, dass ein erfolgreiches Zusammenspiel mit Suchmaschinen ein wesentlicher Erfolgsfaktor für die Content-Planung ist. Wir halten diesen Punkt für so wichtig, dass wir ihm Kapitel 6, »Bereitstellung von Content für Suchmaschinen«, gewidmet haben.

Die Studie unterstreicht noch etwas anderes: Die Rolle von Social Media als direktem Traffic-Lieferanten für Webseiten wird häufig überschätzt. Social Media ist häufig gut darin, um den Nutzerdialog zwischen einer Marke und ihrer Community zu führen und die Aufmerksamkeit für die Marke durch ständige Interaktionsmöglichkeiten hoch zu halten.

Für den Kern des Content Marketings, das darauf abzielt, Nutzer auf das eigene Webangebot und schließlich auch auf die dort angebotenen Dienste und Waren zu locken, spielen Social Media eine wichtige Rolle, um Themen auszuspielen, die nicht Bestandteil von Suchanfragen sind und erst ins Bewusstsein der Nutzer gerückt werden sollen. Das bedeutet, dass Social Media die Stimuli setzen kann, die sich dann in verändertem Suchverhalten niederschlagen.

Daraus lässt sich eine Art Faustformel für die Kanalplanung im Rahmen der Content-Planung ableiten:

- Social Media sind ein Bindeglied zwischen verschiedenen Communitys rund um Ihre Branche und den Content-Bereichen auf der Webseite, über die Sie eigene Themen und Trends setzen möchten. Nehmen Sie sich hierfür z.B. erfolgreiche Blogger aus Ihrer Branche als Vorbild und verfolgen Sie deren Strategien, indem Sie sowohl die Blogposts ansehen und die verschiedenen Social-Media-Profile beobachten.

- Die Suchmaschinen hingegen sind das Bindeglied zwischen den Nutzern, die ein konkretes Eigeninteresse verfolgen, und ihren konkret darauf abgestimmten Inhalten – das sind vorrangig Kategorie- und Produktseiten, aber auch SEO-optimierte Ratgeber-Inhalte. Nehmen Sie sich hierfür erfolgreiche Portale Ihrer Konkurrenten als Vorbild und analysieren Sie deren Strategien. Achten Sie insbesondere auf spannende Mischformen zwischen informierenden Inhalten und solchen, die zum Shoppen anregen.

Rückgeführt auf die Idee der Customer Journey bedeutet dies, dass Social Media im Content Marketing häufiger in der Phase der Awareness genutzt werden, um die Aufmerksamkeit der Nutzer zu binden, und suchmaschinenoptimierte Inhalte eher für die Phasen »Interest« und »Desire«, um die Bedürfnisse der Nutzer mit konkreten Content-Angeboten zu befriedigen.

3.5.4 Keine Scheu vor neuen Kanälen!

Abgesehen von der toolbasierten Entscheidung, welche Kanäle für die eigene Branche infrage kommen, ist das kontinuierliche Sammeln von Erfahrungswissen unbedingt empfehlenswert. Der Grund ist ganz einfach: The world is a changing place – die Welt verändert sich ständig, und das gilt für den Online-Bereich ganz besonders.

Alleine in den vergangenen Jahren sind zu den etablierten Social Media wie Facebook, YouTube, Twitter, Xing und LinkedIn noch einmal zwei sehr wichtige hinzugekommen: Instagram und Pinterest. Beide Netzwerke sind schnell über die »Early Adopters«-Phase hinausgewachsen und für viele Unternehmen bereits heute aus dem Content Marketing nicht mehr wegzudenken.

Automobilmarken, Modemarken und Lifestyle-Produktanbieter gestalten ihre Instagram-Profile mit hohem Aufwand, Stilberater und andere Experten machen mit ausgefeilten Infografiken und sorgsam kuratierten Bildkatalogen auf Pinterest auf ihre Kompetenz aufmerksam und werden so zu gefragten Influencern.

In dem bereits etablierten Netzwerk Facebook hat es sich die Generation X gemütlich gemacht, ein intensiver Dialog findet über die Plattform jedoch kaum statt. Stattdessen hat sich ein Mix aus Selbstdarstellung, punktueller Aufregung und Content-Empfehlung etabliert.

Jüngere Zielgruppen, darunter auch die viel zitierten »Millennials«, sind häufiger mobil und in Chats unterwegs. Ob Unternehmen dieser Generation in ihren beliebten Umfeldern überhaupt begegnen sollten oder ob diese bewusst einen Kanal gewählt hat, in dem weder Eltern noch Ältere noch Unternehmen intervenieren, ist etwas unklar. Es fehlen publizierte Erfahrungswerte und Studien.

Unter dem Strich lässt sich anhand der Beobachtungen der vergangenen Jahre aber auf jeden Fall festhalten: Scheu vor neuen Kanälen ist nicht angebracht, stattdessen sollten Sie immer den Mut zum Experimentieren mit neuen Kanälen und Formaten aufbringen.

3.5.5 Social Media Analytics studieren

Letztlich geht es darum, jene Kanäle zu wählen, die den höchsten ROI (Return on Investment) bezogen auf die eigene Branche liefern. Dieser ROI muss nicht immer eine Conversion im Sinn eines Kaufs sein. Es gibt auf dem Weg des Kunden bis zum Bezahlcounter viele Mikro-Konversionen (engl.: Micro-Conversions), die gemessen und gezählt werden können, darunter die bereits in Kapitel 2, »Content-Marketing-Strategie«, beschriebenen KPI. Kanäle wie Facebook, Twitter, YouTube oder Instagram stellen dazu eigene Analytics-Tools bereit, die mit jedem Corporate Social Media Account verknüpft werden können. Sie können damit die Anzahl der erreichten Nutzer sowie die Intensität der Interaktionen genau nachverfolgen.

3.6   Redaktionsplanung

Ganz gleich, ob Sie mehrere SEO-optimierte Ratgeber oder Landing-pages über das Jahr verteilt planen oder ob ein Online-Magazin oder Social-Media-Profil mit redaktionellen Inhalten befüllt werden muss: Ein Redaktionskalender ist das richtige Planungswerkzeug, um die Ressourcen zu bündeln und um die Inhalte strukturiert und terminge-recht zu erstellen.

Um einen Redaktionskalender erstellen zu können, lohnt sich die Ana-lyse anstehender Events, um Themen über das Kalenderjahr zu vertei-len. Für die meisten Themen gilt, dass die Aufmerksamkeit dafür zu bestimmten Zeiten im Jahr besonders hoch ist: Reiseportale orientie-ren sich an den Ferienzeiten und an Trends in den beliebtesten Touris-tendestinationen. Für Garten-Freizeitportale sind die Zeiten für Aus-saat, Pflege und Ernte relevant. Mode-Magazine orientieren sich oft an den großen Laufsteg-Events in den weltweiten Fashion-Metropolen wie Paris, Mailand und New York. Entsprechend lassen sich Beispiele für jede Branche finden.

Wie finden Sie relevante Events und aktuelle Bezüge für die Themen Ihrer Branche? Hier eine Liste der wichtigen Online-Tools und Quel-len:

- Online-Ferien- und Feiertagskalender
- Google Trends
- Google-Analytics-Daten für die über das Jahr verteilten Abruf-Häu-figkeiten in Bezug auf bestehende redaktionelle Inhalte
- Vorankündigungen von Kino-Filmstarts, Buchveröffentlichungen oder Serienstarts auf spezialisierten Portalen
- Online-Messe- und -Veranstaltungskalender
- Mediapläne inklusive Redaktionskalender von Fachzeitschriften und Magazinen
- Jahres-Trend-Rückblicke und Reportings von Social Media wie Face-book

Der Redaktionskalender listet die Themen auf, ordnet jedem Thema mehrere Termine zu und verteilt die Themen auf einen oder mehrere

Köpfe innerhalb des Redaktionsteams. Die wichtigen Termine oder Phasen in einem Redaktionskalender sind:

- Themenplanung
- Produktion der Inhalte
- Veröffentlichung der Inhalte
- Bewerbung der Inhalte

Lassen sich einzelne Content-Bausteine wie etwa aufwendige Grafiken oder Videos nur mithilfe externer Dienstleister erstellen, werden auch diese Hinweise mit entsprechenden Fristen im Redaktionskalender vermerkt.

Mai 2016

				KW
1	So	1. Mai/Tag der Arbeit	Feiertag	
2	Mo			18. KW
3	Di	400. Todestag von Williams Shakespeare	VIP	
4	Mi			
5	Do	Himmelfahrt (Vatertag)	Feiertag	
		"The First Avenger: Civil War" kommt in die Kinos	Filmstart	
6	Fr	Ohne-Hose-Tag	Kurioser Feiertag	
7	Sa			
8	So	Muttertag	Gedenktag	
9	Mo	Merkurtransit vor der Sonne (sichtbar in ganz Mitteleuropa)	Astronomie	19. KW
10	Di			
11	Mi			
12	Do	"Angry Birds - Der Film" kommt in die Kinos	Filmstart	
13	Fr			
14	Sa			
15	So			
16	Mo	Pfingstmontag	Feiertag	20. KW
17	Di			
18	Mi			
19	Do			
20	Fr			
21	Sa	Finale des DFB-Pokals der Männer	Sportveranstaltung	
22	So			
23	Mo			21. KW
24	Di			
25	Mi			
26	Do	"Alice im Wunderland: Hinter den Spiegeln" kommt in die Kinos	Filmstart	
27	Fr			
28	Sa			
29	So			
30	Mo			22. KW
31	Di	Weltnichtrauchertag	Gedenktag	

Saisonspalten: GARTENSAISON · MOTORRAD- UND CABRIOSAISON · JOGGING & WALKING SAISON · CAMPINGSAISON · SOMMERURLAUBSSAISON · GRILLSAISON · HOCHZEITSSAISON · FESTIVALSAISON · 69. Cannes Film Festival

Abb. 3.9: Beispiel für einen gut gepflegten Eventkalender (Quelle: Catbird Seat)

Je aufwendiger die Themen und ihre Abfolge sind, desto mehr wird der Redaktionskalender zu einem komplexen Guide, der über mehrere Seiten hinweg Themen, Zeiten und Ressourcen ordnet. Es gibt inzwischen viele kostenlose Excel-Vorlagen für Redaktionspläne, aber auch einige kostenpflichtige Online-Tools. Generell lässt sich mit einigen grundlegenden Excel-Kenntnissen ein guter, an die eigenen Zwecke angepasster Plan erstellen.

Ressourcen: Redaktionsplan-Vorlagen im Web

`http://www.coseed.de/magazin/redaktionsplan-fuer-content-marketing.html`: Detaillierter Redaktionsplan als Excel-Sheet. `http://scompler.com/`: Software-Tool für die kombinierte Erstellung von Themen- und Redaktionsplänen

Eine häufig praktikable Aufteilung für einen Redaktionskalender ist ein zentrales Dokument, das eine Übersicht der geplanten Themen über ein ganzes Jahr liefert, Team-Zuständigkeiten ordnet, geplante Content-Bausteine und Verbreitungskanäle auflistet und einen Bezug zu aktuellen Anlässen herstellt (Jahrestage, saisonal wiederkehrende Ereignisse wie Sommerferien o.Ä., Produkteinführungen, Kinostarts etc.).

Daneben gibt es zu jedem geplanten Thema einen detaillierten Zeit- und Aktionsplan, der nach Kalenderwochen die Phasen für Themenrecherche, Produktion der Content-Bausteine sowie die Termine für die Veröffentlichung in den relevanten Social Media sowie weiteren Kanälen zusammenfasst.

3.7 Workflows und Prozesse

Die kleinste denkbare Organisation, die Content Marketing betreiben kann, ist ein einzelner Blogger, der entweder sich selbst oder seine Fachleistung durch regelmäßige Publikationen vermarktet. Demgegenüber stehen große Online-Konzerne, die alleine für den Bereich SEO mehrere Dutzend Mitarbeiter beschäftigen, häufig Muttersprachler für die Domains in mehreren Ländern. Das zeigt, dass es schwer ist, einheitliche Workflows und Prozesse für ein Content Marketing festzulegen.

Für alle größeren Online-Unternehmen, die das Thema Content Marketing angehen möchten, stellen sich aber dennoch ähnliche Fragen:

■ Welche Mitarbeiter benötige ich mit welchen Kompetenzen, um ein schlagkräftiges Content-Marketing-Team zu formen?

- Wie viel Zeit sollen diese Teams mit dem Aufbau von Routinen verbringen, wie viel Zeit (und Geld) sollen sie für Experimente erhalten, die im Content Marketing nötig sind, um die richtigen Nischen und Strategien auszuloten?

- Wie viel Budget aus dem Online-Marketing-Topf soll für das neue Thema Content Marketing reserviert werden?

- Mit welchem Mindset sollte eine Organisation, die neu in das Content Marketing einsteigt, an die Sache herangehen?

Die folgenden Abschnitte liefern erste Ideen, wie mit diesen Fragen umgegangen werden könnte. Denn heute ist es so, dass sich für die noch junge Marketing-Disziplin kaum standardisierte Prozesse und Workflows entwickelt haben.

3.7.1 Teamorganisation

Im deutschen Markt ist die Zahl der Erfolgs-Storys im Content Marketing bis heute relativ überschaubar. Einen Hinweis darauf, dass es zu großen Teilen am falschen Team-Zuschnitt oder am mangelnden Bewusstsein für die Aufgaben-Verteilung liegt, liefert der Erfolg des Online-Fashion-Portals »Stylight« (www.stylight.de).

Stylight sorgte in den Jahren 2015 und 2016 für einiges Aufsehen durch gelungene Content-Marketing-Kampagnen. Eine besonders auffällige waren die »Fashionistas«. Das Stylight-Content- und PR-Team hatte dazu berühmte Persönlichkeiten der Modeszene (Karl Lagerfeld, Tom Ford etc.) im Stil der Cartoon-Helden aus »Minionistas« porträtiert und die animierten Hybridwesen als »Fashionistas« kommuniziert und über Social Media verbreitet. Die Kampagne erzielte eine hohe Reichweite und steigerte die Bekanntheit des Portals enorm.

Hinter dem Erfolg steckt ein Team aus Redakteuren, Suchmaschinenoptimierern, PR-Fachleuten, Grafikern, Entwicklern, Social-Media-Experten und Event-Managern. Sie arbeiten in einem cross-funktionalen Team zusammen. Abbildung 3.10 führt diesen Gedanken fort und stellt dar, wie ein idealtypisches Content Marketing strukturiert ist.

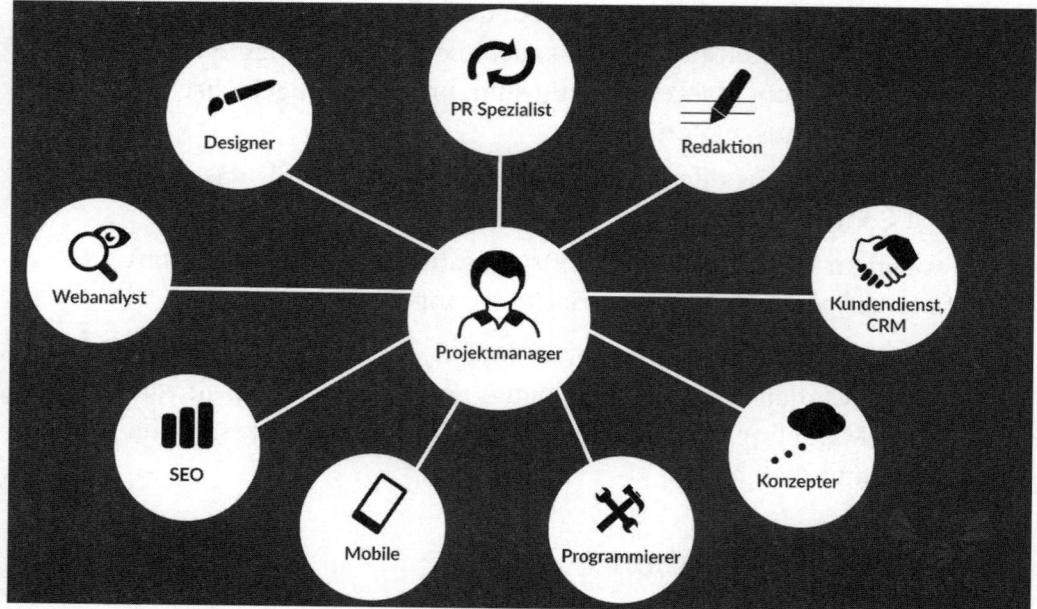

Abb. 3.10: Ideales Content-Marketing-Team (Quelle: Catbird Seat)

Auffallend ist, dass es nicht nur die schlichte Zusammensetzung von Menschen mit unterschiedlichen Fertigkeiten ist, die Content-Marketing-Erfolg fördert. Die komplexe Aufgabe lässt sich nur mit Enthusiasmus und einer gemeinsamen Vorstellung von dem lösen, was man für seine Zielgruppe sein will und erreichen will. In Medienporträts lieferten die Stylight-Content-Macher dazu das Zitat: »Erstelle und bewerbe Inhalte, die deine Zielgruppe aufrichtig liebt.«

Ähnliches ist von großen Marken zu hören, die mit viel Energie in das Content-Marketing-Abenteuer aufgebrochen sind. Der Anspruch lautet, zum »Love Brand« aufzusteigen, also Inhalte zu liefern, die aus der einfachen Kundenbeziehung ein innigeres Verhältnis werden lassen. Die Zauberformel lautet, sich diesem hohen Anspruch auszusetzen und dabei das gesamte Marketing nicht mehr »top down«, also aus Liebe zum eigenen Produkt, sondern »bottom up«, das heißt, aus analytischer Kenntnis und aktiver Interaktion mit der Zielgruppe zu entwickeln. Das ist eine entscheidende Grundlage für Content-Marketing-Erfolg.

Hindernisse für Teamerfolg sind häufig Fehler im Informationsfluss, sprich Kommunikationsmängel. Hier lauten Erfolgskriterien für alle Teams, die komplexe Aufgaben gemeinsam lösen müssen:

- Klare Verteilung der Rollen und Zuständigkeiten
- Einfach zugängliche Informationen für alle Team-Mitglieder (Vorbeugen der E-Mail-Flut)
- Optimierung und Vereinheitlichung der Prozesse durch den Einsatz kollaborativer Software und Planungstools
- Klares Zeit- und Ressourcenmanagement, um alle Mitarbeiter produktiv auszulasten

Mit dieser kurzen Liste sind die Top-Gründe abgedeckt, warum Teamarbeit gelingt (oder scheitert). Übersichtlich in Infografiken zusammengefasst hat diese Erkenntnisse beispielsweise das Multi-Autoren-Blog »project lab« unter `https://blog.projectplace.com/infographic-collaborate-effectively/`.

3.7.2 Ressourcen- und Budgetplanung

Wie Sie in diesem Kapitel gesehen haben, ist die knappe Ressource im digitalen Marketing heute nicht mehr der Speicherplatz oder die Übertragungsleistung, sondern es ist zunehmend die Aufmerksamkeit der Nutzer, die wir als knappes Gut wahrnehmen müssen.

Der hochgradig digital vernetzte und aktive Nutzer perfektioniert und trainiert seine Fähigkeiten, Unwichtiges auszublenden und große Mengen an Informationen schnell zu filtern. Was unter dem Strich für Content-Marketer zu tun übrig bleibt, ist, darauf zu achten, dass hochgradig relevante Informationen der richtigen Nutzergruppe zugespielt werden und dass emotionale Trigger eingesetzt werden, um die Aufmerksamkeit darauf zu lenken.

Es ist davon auszugehen, dass es in dieser Lage bei Weitem nicht mehr ausreicht, immer nur »me too«-Themen auszuspielen, also Agenda-Surfing zu betreiben. Erfolgreiches Content Marketing braucht den Mut zum Agenda-Setting, also dem aktiven Spielen eigener Themen in einer eigens dafür erdachten kreativen Verpackung.

Formel »70-20-10«

Im Agenda-Setting empfiehlt sich eine Vorgehensweise nach der »70-20-10«-Formel:

- 10 Prozent der Ressourcen sollten für Content-Wagnisse eingesetzt werden, also für potenziell äußerst reichweiten- und aufmerksamkeitsstarke Ideen, die kreativ, spontan oder leicht schräg sind, und deren Potenzial vorab schwer abschätzbar ist.

- 20 Prozent der Ressourcen sollten für die gezielte Planung eigener Themen und Content-Impulse eingesetzt werden, deren Wirkung für verschiedene Zielgruppen sich bereits angedeutet hat, die aber Schwankungen unterliegt – zu dieser Kategorie zählen saisonal relevante Inhalte. Sie sollten genutzt werden, um zeitlich begrenzt auftretende, hohe Traffic-Potenziale einzufahren.

- Die verbleibenden 70 Prozent sollten in relative »safe bets« fließen, also in Themen und Kanäle, die von der Zielgruppe kontinuierlich oder mit steigender Tendenz nachgefragt und frequentiert werden. Dazu zählen attraktive und anschauliche Produktfotos, grafisch aufbereitete Analysen zu längerfristig relevanten Trends, langlebige (Video-)Ratgeber-Beiträge, strukturierte Datenblätter für komplexe Produkte oder auch Frage- und Antwortbereiche oder Lexika.

Weitere Optionen für die Budgetplanung

Wer Content Marketing betreiben möchte, sollte Teile seines Online-Marketing-Budgets dafür reservieren. Aber welchen Teil? Zunächst ist die Abgrenzung des Content Marketings von den übrigen Marketing-Aktivitäten nötig, um ein Teilbudget zu reservieren. Dieses Budget ließe sich entweder auf Kostenbasis und zum anderen auf ROI/Umsatzbasis ermitteln.

- Der wesentliche Kostenblock im Content Marketing entfällt auf Manpower, d.h. auf Konzeptions-, Redaktions- und Produktionsleistungen.

- Ein weiterer Kostenfaktor sind regelmäßig anfallende Gebühren für die Nutzung spezieller Content-Marketing-Tools und -Software. Oftmals sind es dieselben Tools, die von SEO-Verantwortlichen oder

Social-Media-Teams genutzt werden, immer öfter ist es aber auch spezielle Software.

- Hinzu kommen Kosten für die Content-Distribution auf bezahlten Kanälen, d.h. Gebühren für die Verbreitung und Bewerbung der eigenen Inhalte.

Eine weitere Option für die Budgetplanung ist das Festlegen eines Content-Marketing-Budgets auf Basis des erzielten ROI. Dazu muss Content Marketing in der Lage sein, den Effekt der eigenen Maßnahmen zu messen und letztlich zu bewerten.

Spätestens an dieser Stelle wird nochmals deutlich, warum es so wichtig ist, im ersten Schritt eine Content-Marketing-Strategie zu definieren und dabei Ziele und KPI zu definieren. Noch ehe Content geplant und produziert wird, muss das gesamte Monitoring-Setup auf Basis der Strategie und der Content-Planung erstellt werden.

Wie ein solches Monitoring-Setup aussehen kann, klären wir in Kapitel 7, »Content-Marketing-Analytics« in diesem Buch. Die Realität in vielen Unternehmen ist Stand heute, dass es noch keine ausformulierte Content-Strategie gibt. Oftmals beschränken sich die Messungen auf die Sichtbarkeit für Suchmaschinen und den daraus generierten Traffic.

Um ein erfolgsbasiertes Budget auf Dauer rechtfertigen zu können, muss Content Marketing aber zeigen, welchen Beitrag zur Wertschöpfung es auf verschiedenen Stufen der Customer Journey leistet. Besonders schwierig wird es dabei sein, jene Content-Aktivitäten zu bewerten, die darauf abzielen, potenzielle Kunden zunächst zu binden und dabei vor allem Vertrauen in die Leistungen des Unternehmens aufzubauen. Über dauerhaft angelegte Content-Strategien lassen sich anonyme Nutzer schrittweise in qualifizierte Besucher und letztlich in Käufer verwandeln. Das Ziel sollte es sein, Bewertungsansätze auf allen Stufen zu finden. Dieser Teil des Content Marketings steckt heute noch in den Kinderschuhen.

3.7.3 Typische Organisationshürden

Wie das Beispiel Stylight im Unterpunkt »Teamorganisation« in diesem Abschnitt gezeigt hat, ist es den dortigen Verantwortlichen gelungen, die »Corporate Vision« mit einer »Content Mission« zu verbinden. Damit das Unternehmen erfolgreich sein kann, benötigt es Inhalte, die von der Zielgruppe geliebt werden. Das macht Sinn, denn viele Online-Shops bieten vergleichbare Artikel derselben Markenhersteller an und liefern sich dazu einen bisweilen ruinösen Preis- und Rabattwettbewerb auf Kosten der Marge.

Wer sich stattdessen auf den langfristigen Aufbau von Content einlässt, der als Unterscheidungsmerkmal wahrgenommen werden kann, wählt eine neue Marketing-Strategie. Dazu muss ich genau wissen, ob Kunden mein Produkt lediglich nach Kostenabwägungen kaufen oder ob das Vertrauen in mich und meine Services eine zusätzliche Rolle spielen kann. Ist dies der Fall, ist jedes Stück Content, das ich produziere, als Beitrag zur Wertschöpfung zu sehen.

Unternehmen, die den notwendigen, »doppelten Mindshift« nicht hinbekommen, werden im Content Marketing keinen Erfolg haben:

- Wer seine Produkte für wichtiger hält als das Interesse der relevanten Zielgruppen und wer Content als schnell und günstig zu produzierende Inhalte missversteht, die mit viel Geld über alle verfügbaren Kanäle verteilt werden, ist im Content Marketing falsch angesiedelt. Das ist die strategische Hürde.

- Die operative Hürde sind ganz klar die unterschiedlichen gewachsenen Kulturen von PR, SEO und Marketing, die in Silos arbeiten. Sie müssen sich zu neuen Content-Teams formen, die interdisziplinär und flexibel zusammenarbeiten.

3.7.4 Content-Management-Prozess

Content-Planung hört niemals auf. Es ist ein klassischer Management-Prozess mit Analyse, Strategie- und Themenentwicklung, Produktion, Erfolgsmessung und stetiger Optimierung. Eine etwas andere Darstellung mit Fokus auf die kontinuierlichen Aufgaben liefert Abbildung 3.11.

Abb. 3.11: Content-Planungsprozess (Quelle: Catbird Seat)

Im Mittelpunkt steht dabei erneut der Nutzer, hier als »UGC« für *User Generated Content* bezeichnet. Tatsächlich sind es gerade in jüngster Vergangenheit die Early Adopters unter den Nutzern, die neue Kanäle wie Instagram oder Pinterest schnell mit Leben und guten Ideen füllen. YouTube steht als Kanal ganz im Zeichen des User Generated Content und Marken finden erst allmählich eine eigene Sprache, die zur lingua franca passt, die sich in dem Videokanal von selbst entwickelt hat.

Tatsache ist: Viele Nutzer begnügen sich online nicht mit der Konsumentenrolle, sie werden selbst zu Produzenten – vor allem zu Content-Produzenten. Diesen Fundus an Inhalten können Unternehmen und Marken ausschöpfen und sich davon inspirieren lassen. Aus den UGC-Inhalten und den Reaktionen anderer Nutzer darauf lassen sich Erfolgsrezepte ableiten. In vielen Fällen hat es sich als die beste Strategie herausgestellt, den Nutzern auch auf der eigenen Plattform ein

Forum für selbst erstellte Inhalte zu bieten. Nutzergenerierte Inhalte wie Produktbewertungen sind beispielsweise typisch für die Online-Handelsplattform Amazon.

3.7.5 Checkliste/Content Scorecard

Aufgrund der unterschiedlichen Zielsetzungen, der verschiedenen Branchen-Kontexte und der zahlreichen Optionen für die Auswahl von Formaten und Kanälen ist es schwer, den gesamten Content-Marketing-Planungsprozess mit einer Checkliste zu unterlegen.

Versuche in diese Richtung landen häufig bei einer »Content Scorecard«, das heißt einem strukturierten Bewertungsraster für verschiedene Teilaspekte, die zusammen den Erfolg von Content im Marketingeinsatz begünstigen.

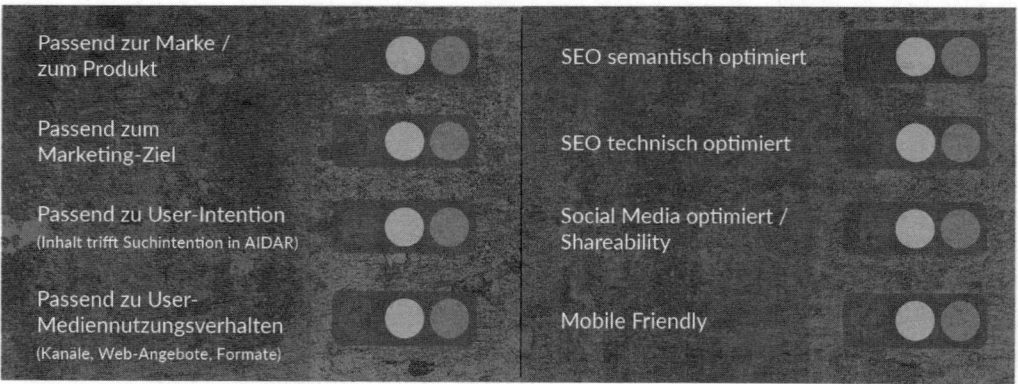

Abb. 3.12: Content Scorecard (Quelle: Catbird Seat)

Wir haben in unserem Team eine solche Content-Scorecard entworfen und mit einem Ampelsystem hinterlegt. Sie erinnert daran, dass Sie

- Content nicht ohne Bezugsebene zu Marke und Produkt planen können,
- ein Marketing-Ziel benötigen, das mithilfe von Content zu bearbeiten ist,
- von den Intentionen und Bedürfnissen der Nutzer ausgehen müssen,

- das Mediennutzungsverhalten der Zielgruppe für die Auswahl der Kanäle erforschen müssen,

- den gesamten Prozess der Suchmaschinenoptimierung gestalten müssen (semantisch und technisch),

- Social Media einbeziehen sollten in Ihre Überlegungen und

- Content benötigen, der im zunehmend mobilen Kontext funktioniert.

Viel Spaß und Erfolg bei der Content-Planung!

4

Content-Produktion

Wie der Name schon sagt, gibt es kein Content Marketing ohne Inhalte, ohne Content. Das unterscheidet diese Disziplin von anderen Online-Marketing-Techniken, die meist direkt ein Produkt bewerben und den User dementsprechend auf eine Shopping-Seite als Landingpage schicken. Natürlich ist jede Landingpage »irgendwas mit Inhalten«, aber im Content Marketing gehen wir eben besagten Weg nicht. Wir fallen nicht mit der Tür ins Haus, sondern erstellen Inhalte, mit denen wir den Rezipienten begeistern, unterhalten oder informieren. Grundsätzlich können diese aus Text, Bild, Video, Audio und Mischformen bestehen. Bevor wir uns in diesem Kapitel der Frage widmen, wie diese Formate konkret entwickelt werden können, wollen wir jedoch einen Blick auf die Phase der Vorproduktion werfen.

4.1 Vor der Produktion

Die Content-Marketing-Strategie ist festgelegt, es wurde entschieden, welche Kanäle bespielt und welche AIDA-Phasen angesprochen werden sollen. Die Ziele der Kampagne sind klar definiert und es ist vielleicht sogar bereits eine Vorstellung davon vorhanden, wie der fertige Content aussehen und welche Formate er annehmen soll. Last, but absolutely not least ist ein Budgetrahmen abgesteckt. Im nächsten Schritt ist zu entscheiden, ob die Inhalte intern oder extern produziert werden sollen.

4.1.1 Make-or-Buy

Eine Make-or-Buy-Entscheidung muss zu Beginn der meisten Content-Marketing-Produktionen getroffen werden und wird auf operativer Ebene von zwei Determinanten bestimmt: den **Ressourcen** und den **Kompetenzen** im Unternehmen.

Die Ressourcen betreffen zum einen natürlich das verfügbare Budget, zum anderen aber auch die notwendige Ausrüstung, um Inhalte zu produzieren. Dies mag bei reinen Textinhalten noch trivial erscheinen, wird jedoch bei der Bild- und spätestens Videoproduktion in steigendem Maße relevant.

Neben den verfügbaren Arbeitsmitteln müssen natürlich auch die notwendigen Kompetenzen im Unternehmen vorhanden sein, um den gewünschten Content in der gewünschten Qualität zu entwickeln.

Sind Personal (Texter, Grafiker, Entwickler etc.), Arbeitsmittel (Kamera, Software etc.) und ggf. Räumlichkeiten wie Shootinglocations vorhanden, kann die Content-Produktion vollständig inhouse abgedeckt werden.

Häufig müssen jedoch externe Spezialisten hinzugezogen werden, die über das nötige Know-how und/oder die Ressourcen verfügen, um beispielsweise eine aufwendige Videoproduktion durchzuführen. Auch Zeit und Kosten spielen selbstverständlich eine Rolle, denn nicht selten sind externe Texter oder Grafiker günstiger oder besser verfügbar als Inhouse-Kräfte.

Abgeleitet aus der Entscheidung, welche Arbeiten intern und welche extern erfolgen, ergeben sich die Strukturen und Prozesse für eine konkrete Content-Marketing-Kampagne. Diese sollten mit allen Beteiligten zu Beginn der Produktion besprochen und ggf. mit externen Dienstleistern schriftlich fixiert werden.

4.1.2 Projektmanagement während der Content-Produktion

Roadmap

Die Produktion einer Content-Marketing-Kampagne verlangt nach einem Projektmanager, der die Strukturen und Prozesse im Produktionsvorgang definiert und überwacht. Dies ist in der Regel entweder der zuständige Marketing-Manager (Inhouse) oder ein agenturseitiger Projektmanager, falls die Kampagne durch eine Agentur umgesetzt wird. Ein wesentliches Instrument im Projektmanagement einer Content-Marketing-Kampagne ist die **Roadmap**. Diese definiert ...

- Zuständigkeiten
- Fristen & Meilensteine
- Freigaben & Korrekturschleifen
- Puffer

Der gesamte Produktionsprozess wird in einer Roadmap in Teilstücke zerlegt (Grafikproduktion, Programmierung, Deployment etc.) und mit Fristen und Zuständigkeiten versehen. Das Ende eines solchen Teilstücks wird durch einen **Meilenstein** definiert.

			KW 2	KW 3	KW 4	KW 5	KW 6
			Mo Di Mi Do Fr	Mo Di Mi Do Fr	Mo Di Mi Do Fr	Mo Di Mi Do Fr	Mo Di Mi Do Fr
Konzeption	Konzeption: Brainstorming	Agentur					
	Konzeption: Research	Agentur					
	Konzeption: Storyboard	Agentur					
	Konzeption: Fertiges Konzept & Feedbackschleife	Unternehmen					
Produktion Phase 1	Produktion: Text	Agentur					
	Produktion: Bild	Agentur					
	Produktion: Video	Agentur					
	Produktion: Website-Scribbles	Agentur					
Produktion Phase 2	Produktion: Textkorrektur & Feinschliff	Agentur					
	Produktion: Bildbearbeitung	Agentur					
	Produktion: Videoschnitt	Agentur					
	Produktion: Abschluss & Feedbackschleife	Unternehmen					
Technische Entwicklung	Programmierung Landingpage	Agentur					
	Grafische-/Programmierungs-Feinheiten	Agentur, Unternehmen					
	Abnahme Landingpage	Unternehmen					
	Implementierung des Contents	Unternehmen					
Outreach	Konzeption: Social Media	Agentur, Unternehmen					
	Konzeption: Gewinnspiel	Agentur, Unternehmen					
	Facebook-Bewerbung	Unternehmen					
	Gewinnspiel-Durchführung	Unternehmen					
	Auswertung der Kampagne	Agentur, Unternehmen					

Abb. 4.1: Beispiel für eine Roadmap

Ist ein solcher Meilenstein erreicht (z.B. Grafikproduktion abgeschlossen), findet in der Regel eine **Korrekturschleife** statt. Die fertigen Arbeiten werden den verantwortlichen Entscheidern zur Prüfung (Freigabe) vorgelegt und es finden ggf. Korrekturen statt. Diese Korrekturschleifen sind unbedingt zeitlich einzuplanen und müssen bei der Zusammenarbeit mit externen Dienstleistern auch vertraglich definiert werden. Sind Bestandteile einer Kampagne erst einmal freigegeben, werden sie für gewöhnlich nicht mehr verändert, es sei denn, technische Anforderungen verlangen danach (Format, Dateigröße etc.).

Bei der Zusammenarbeit mit externen Dienstleistern ist eine Reihe an vertraglichen Vereinbarungen zu treffen wie zum Beispiel ...

■ Vergütung & Vergütungsmodell

■ Umgang mit Rechten am produzierten Content

■ Übergang der Rechte am Content vom Dienstleister zum Auftraggeber

■ Anzahl und Umfang von Feedback-Schleifen

- Gewährleistung (z.B. für Fehler in der Programmierung)
- Unterstützung bei der Implementierung des Contents

Im Falle von Models (bei Fotoshootings und Videoaufnahmen) sollten Model-Release-Verträge geschlossen werden, die den Umgang mit Persönlichkeitsrechten an Bildern regeln. Diese sollten auch (oder gerade dann) abgeschlossen werden, wenn Mitarbeiter des Unternehmens auf den Fotos zu sehen sind.

> **Tipp**
>
> Eine Projektmanagement-Software wie beispielsweise Confluence oder Basecamp erleichtert die Arbeit an einem Content-Marketing-Projekt und kann sowohl von internen als auch externen Projektbeteiligten genutzt werden.

Briefing

Das Briefing – und dies kann wirklich nicht oft genug betont werden – ist der **entscheidende Erfolgsfaktor** für eine gelungene Content-Marketing-Kampagne. Ein ausreichendes Briefing **aller beteiligten Personen** an einer Content-Marketing-Produktion ist unbedingt erforderlich und sollte besser zu ausführlich als zu knapp ausfallen. Ein gutes Briefing enthält:

- Ziele der Kampagne
- Gewünschte Tonalität
- Gewünschte Formate
- Umfang des zu erstellenden Contents (Textlänge, Bildmenge und -größe etc.)
- Deadlines

Darüber hinaus sollte natürlich die Formatanfrage so genau wie möglich beschrieben werden:

Im Falle eines **Textes** wird der gewünschte Inhalt optimalerweise anhand von Stichpunkten umrissen und verfügbare Quellen aufgelistet.

Im Falle von **Bildern** ist festzulegen, ob es sich um Illustrationen oder Fotos handeln soll und ob eine bestimmte Bildsprache gewünscht ist. Einen Styleguide zur Verfügung zu stellen gilt als Selbstverständlichkeit.

Im Falle der **Website-Programmierung** ist der technische Rahmen präzise abzustecken. Welche Technologien sollen verwendet werden (HTML5, PHP, JavaScript etc.) und welche Technologien stehen serverseitig zur Verfügung?

Bei aufwendigen Produktionen wie größeren Websites und den meisten Videoproduktionen empfiehlt sich ein Kick-off-Meeting, um aufkommende Fragen und mögliche Fallstricke vor Arbeitsbeginn zu besprechen. Erst dann kann die eigentliche Produktion beginnen.

4.2 Produktion von Content-Formaten

4.2.1 Text

Textproduktion gehört im Content Marketing zum Daily Business und liefert häufig die Grundlage einer Kampagne. So gut wie keine Content-Marketing-Kampagne kommt völlig ohne Text aus und sei es nur die Beschreibung eines Videos auf YouTube oder ein Facebook-Post bei der Distribution. Textprodukte im engeren Sinne sind aber natürlich Blog-/Magazin-Artikel, Whitepaper, E-Books und textlastige Websites.

Falls Sie keine talentierten Texter für das entsprechende Thema im Haus haben, finden Sie online zahlreiche Texter-Datenbanken und Freelancer. Die Preise auf dem Markt schwanken stark. Für einen hochwertigen Text mit einem Umfang von 600 bis 800 Wörtern sollten Sie aber etwa 200 € einplanen. Egal ob Sie selbst schreiben oder schreiben lassen, ein paar Grundlagen sollten dabei immer beachtet werden:

Texten fürs Web

Wer für das Web textet, schreibt in der Regel nicht nur für menschliche Leser, sondern auch für Suchmaschinen. Definieren Sie relevante Keywords für Texte, die Sie erstellen (lassen), und optimieren Sie Ihre

Texte auf diese. In diesem Zusammenhang sollten Sie sich insbesondere mit der WDF*IDF-Formel auseinandersetzen (siehe Kapitel 6, »Bereitstellung von Content für Suchmaschinen«, Seite 210).

Überschriften können Sie anhand der Ausrichtung an W-Fragen ebenfalls optimieren. Nutzen Sie hierzu beispielsweise das W-Fragen-Tool unter `http://www.w-fragen-tool.com/`.

Generell liebt Google holistischen Content, das heißt Inhalte, die ein Thema ganzheitlich betrachten. Hierfür ist es notwendig, nicht nur die Zielgruppe des eigenen Unternehmens im Auge zu haben, sondern alle Menschen, die potenziell an einem Thema interessiert sind. Eines der besten Beispiele und Vorbilder für holistischen Content ist Wikipedia. Schreiben Sie beispielsweise einen Erziehungsratgeber, denken Sie am besten nicht nur an Eltern, sondern auch an Großeltern, werdende Eltern, Geschwister, Freunde und Verwandte von Menschen mit Kind und Pädagogen.

Unabhängig von der Suchmaschine sollten Texte fürs Web natürlich auch dem menschlichen Leser ansprechend präsentiert werden. Eine gute Struktur mit Absätzen, Aufzählungen und Hervorhebungen ist das A und O. Denken Sie dabei vor allem auch an die Nutzer mobiler Endgeräte. Erklären Sie zu Beginn des Textes prägnant, um was es geht und welche Inhalte den Leser erwarten. Klären Sie den Leser über die voraussichtliche Lesedauer auf. Bieten Sie ihm ein (sticky) Inhaltsverzeichnis mit Sprungmarken.

Weitere Informationen zu diesem sehr umfangreichen Thema finden Sie im Buch »Erfolgreiche Webtexte: Verkaufsstarke Inhalte für Webseiten, Online-Shops und Content Marketing« (mitp-Verlag).

Whitepaper & E-Books

Whitepaper und E-Books sind vor allem im B2B-Bereich eine beliebte Form des Content Marketings. Sie kommen meist in Bereichen zum Einsatz, in denen das Marketing über emotionale Inhalte schlecht funktioniert oder der fachliche Anspruch sehr hoch ist, und werden häufig eingesetzt, um Adressen zu generieren.

Um ein gutes Whitepaper zu erstellen, müssen Sie vor allem den Markt genau kennen. Schreiben Sie über heiße Themen, die wirklich jemanden interessieren. Wichtig ist jedoch, dass Ihr Unternehmen in der Rolle des Experten glaubwürdig ist, auch wenn Sie den Text extern erstellen lassen. Sie brauchen also eine Schnittmenge aus Themen, zu denen Ihr Unternehmen Expertise besitzt, und Themen, für die am Markt gerade hohes Interesse herrscht.

Whitepaper haben in der Regel einen hohen fachlichen Anspruch und sind für eine sehr spezifische Zielgruppe geschrieben. Umso wichtiger ist es, diese exakt zu definieren, im Rahmen ihres Kenntnisstandes abzuholen und mit dem richtigen Maß an Fachjargon anzusprechen. Beachten Sie hierbei vor allem auch die unterschiedlichen Entscheider- ebenen in Unternehmen, für die Sie schreiben, und stellen Sie sicher, dass Ihr Text von der operativen Ebene bis hin zum CEO verstanden werden kann. Infoboxen und Illustrationen lockern ein Whitepaper auf und sorgen für ein besseres Verständnis der Inhalte.

Veröffentlicht werden Whitepaper und E-Books sehr häufig im PDF- Format. Für den Leser hat dies den Vorteil, dass er das Dokument abspeichern und ausdrucken kann. Der Vorteil für den Anbieter hinge- gen liegt darin, dass er das Dokument sehr einfach bereitstellen kann. Whitepaper sind häufig hinter Kontaktformularen »versteckt«. Sollte jedoch die Entscheidung fallen, das Dokument frei verfügbar zu machen, kann es sich anbieten, zugunsten der Suchmaschinenopti- mierung statt eines PDFs eine Onepager-Webseite zu gestalten und das PDF zusätzlich zum Download anzubieten. Neben SEO-Aspekten hat dies den Vorteil, dass eine Webseite interaktiver gestaltet werden kann als ein PDF.

Redaktionelle Inhalte und Blogtexte

Der Launch eines Blogs/Magazins ist der Einstieg ins Content Marke- ting für viele Unternehmen. Der Vorteil dieses Instruments liegt darin, dass es relativ leicht zu planen und aufzusetzen ist, der Nachteil darin, dass eine konstante Pflege erforderlich ist. Während eine Content-Mar- keting-Kampagne irgendwann abgeschlossen ist, benötigt ein redaktionelles Format konstante Aufmerksamkeit und die entsprechenden Prozesse, um diese aufrechtzuhalten.

Die Grundlage eines Blogs liefert ein Redaktionsplan. Redaktionspläne werden in der Regel langfristig im Voraus erstellt und decken mindestens ein Quartal, meist jedoch gleich ein halbes oder sogar ganzes Jahr ab. Folgende Bestandteile sollten mindestens in einem Redaktionsplan enthalten sein:

- Titel und kurze Inhaltsbeschreibung der Artikel
- Veröffentlichungsdatum
- Zuständigkeiten

Darüber hinaus ist es sinnvoll, Deadlines für die Erstellung sowie einen Zeitplan für die Distribution der Inhalte via Social Media zu berücksichtigen.

Bei der Erstellung eines Redaktionsplans sollten zum übergeordneten Thema passende Saisonalitäten berücksichtigt werden, wie z.B. der Beginn der Grillsaison oder wichtige Messen in Ihrem Fachbereich. Darüber hinaus ist es für viele Blogs (und Social-Media-Auftritte) sinnvoll, besondere Feiertage wie z.B. Vater- und Muttertag und kalendarische Kuriositäten wie z.B. den internationalen »Talk like a Pirate Day« in die Themenplanung einzubeziehen und aufzugreifen.

Verlieren Sie dabei jedoch das Ziel, das Sie mit Ihrem Blog verfolgen, nicht aus den Augen. Sollen z.B. anhand hilfreicher How-tos und Tutorials bestimmte Produkte promotet werden, stellt die saisonale Beliebtheit Ihrer Produkte die wichtigste Grundlage Ihrer Redaktionsplanung dar.

Weitere Informationen zur Redaktionsplanung finden Sie in Abschnitt 3.6.

Tipp

Neben Ihren internen Daten bietet Ihnen Google Trends (`https://www.google.com/trends/`) eine sehr gute Grundlage, um saisonale Schwankungen zu evaluieren.

4.2.2 Bild

Bilder sind ein mächtiges Instrument im Marketing. Sie transportieren Emotionen und das menschliche Gehirn kann ihren Inhalt mit enormer Geschwindigkeit erfassen. Eine prägnante Bildsprache ist daher ein entscheidender Bestandteil der meisten (Content-)Marketing-Kampagnen. Ironischerweise ist die Bereitschaft vieler Marketer, für Bilder Geld auszugeben, vergleichsweise gering. Dies trifft vor allem auf Fotos zu.

Fotos

Die Eigenschaft des Internets, eine enorme Menge an Wissen und Inhalten global verfügbar zu machen, hat dafür gesorgt, dass der Menschheit eine irrsinnige Anzahl an Bildern kostenlos zur Verfügung steht. Während dies im privaten Rahmen durchaus als Vorteil zu sehen ist, hat es im geschäftlichen Umfeld zu einer stark gesunkenen monetären Wertschätzung für Bilder geführt. Als Content-Marketer sollten Sie diese Haltung überdenken. Die Einzigartigkeit der Inhalte ist ein entscheidender Erfolgsfaktor im Content Marketing und dies sollte besonders auf das verwendete Bildmaterial zutreffen. Wägen Sie also stets ab, welche Rolle die Bildsprache in dem Content spielt, den Sie erstellen möchten, und richten Sie Ihre Investitionsbereitschaft danach. Je wichtiger die Bilder für Ihre Kampagne sind, desto mehr sollten Sie auch bereit sein, für diese auszugeben.

Sollten Sie sich dennoch dafür entscheiden, kostenloses Bildmaterial zu verwenden, machen Sie sich mit den Creative-Commons-Lizenzen vertraut (`http://creativecommons.org/`) und achten Sie auf ausreichende Bildnachweise. Gute Quellen für kostenloses Bildmaterial mit CC-Lizenz sind z.B. die Wikimedia Commons[1], Flickr[2] und Pixabay[3].

---

1 `https://commons.wikimedia.org`
2 `https://www.flickr.com`
3 `https://pixabay.com/de`

In den meisten Fällen die bessere Wahl ist es jedoch, Bilder selbst anzufertigen beziehungsweise in Auftrag zu geben. Der entscheidende Vorteil liegt in der Einzigartigkeit des Materials und darin, dass dieses vollumfänglich Ihnen gehört und Sie damit nach Belieben verfahren können. Viele Unternehmen sind daher dazu übergegangen, zumindest einen Teil ihres Fotomaterials inhouse zu produzieren oder mit festen Dienstleistern zusammenzuarbeiten.

Sind die Bilder erst einmal produziert, achten Sie beim Upload auf eine optimale Dateigröße. Fotos sollten möglichst verlustfrei komprimiert und für mobile Endgeräte optimiert werden. Darüber hinaus gehört die Verwendung von beschreibenden Dateinamen und Alt-Tags zum SEO-Standard.

Tipp

Wer Content Marketing schon etwas länger oder im größeren Stil betreibt, häuft Unmengen an Bilddateien an. Verwenden Sie ein Digital-Asset-Management-System (DAM) wie z.B. den Adobe Experience Manager oder verwalten Sie Ihre Assets in Datenbanken.

Illustrationen & Skizzen

Foto oder Illustration? An dieser Frage scheiden sich die Geister und nicht selten spielt persönlicher Geschmack dabei eine Rolle. Grundsätzlich betrachtet wirken Fotos meist emotionaler und realitätsnäher als Illustrationen. Gezeichnete Bilder hingegen eignen sich besonders gut, um komplexe Zusammenhänge darzustellen oder das Wesentliche zu betonen. Sie kommen daher häufig bei erklärenden Inhalten z.B. Schritt-für-Schritt-Tutorials und Handbüchern zur Anwendung. Darüber hinaus erleichtern es Illustrationen, eine einzigartige Bildsprache umzusetzen, indem gezielt bestimmte Farben verwendet oder ein besonderer Zeichenstil benutzt werden. Werden Vektorgrafiken verwendet, liegt ein weiterer Vorteil darin, dass diese frei skalierbar sind – vom Icon bis zur Hauswand.

Bei Illustrationen ist weniger häufig mehr. Achten Sie auf Prägnanz und einen optimalen Informationstransfer. Da die Stärke von Illustrationen eben gerade darin liegt, das Wesentliche leichter hervorheben zu können, sollten unwichtige Informationen weglassen und ein einfacher Zeichenstil verwendet werden. Ausnahmen bestätigen hier natürlich die Regel. Vielleicht möchten Sie den User auch mit einem kleinen Kunstwerk begeistern.

Tipp

Im Web lassen sich Vektorgrafiken wie z.B. Icons in Hülle und Fülle finden. Ein Großteil des verfügbaren Materials ist kostenlos oder für kleines Geld zu haben. Schöpfen Sie bei der Erstellung von Illustrationen aus diesem Fundus, denn in der Regel ist es schneller und günstiger, eine Grafik aus vorgefertigten Bausteinen zusammenzusetzen, als alles selbst zu zeichnen.

Infografiken

Infografiken als Spezialform der Illustration vermengen visuelles Content Marketing mit datengetriebenem Content Marketing. Sie visualisieren komplexe Zusammenhänge und bestehen in der Regel aus einem oder mehreren Bildern, können aber auch animierte Elemente enthalten. Sie sind vergleichsweise einfach zu erstellen und zu teilen, weshalb sie ein recht beliebtes Content-Marketing-Instrument darstellen. Ihre inflationäre Benutzung sorgt jedoch leider auch dafür, dass bei Weitem nicht jede Infografik, die sich im Netz finden lässt, gut gemacht oder informativ ist. Nachfolgend finden Sie drei Tipps für gute Infografiken:

Weniger ist mehr

Viele Infografiken weisen eine zu hohe Informationsdichte auf oder überschwemmen den Rezipienten mit verhältnismäßig uninteressanten Fakten. Stecken Sie daher ausreichend Zeit in Recherche und Konzeption und denken Sie darüber nach, welche Informationen für den User wirklich interessant sind. Entscheidend ist nicht, was Sie der Welt mitteilen möchten, sondern was einen Mehrwert für den Leser generiert.

Gekonnte Datenvisualisierung

Daten ansprechend zu visualisieren, ist eine Kunst für sich, die bei Weitem nicht jeder Grafikdesigner beherrscht – erfordert sie doch sowohl ein präzises Verständnis der zugrunde liegenden Daten als auch ein Händchen dafür, diese auf ansprechende Weise grafisch darzustellen. Das bedeutet, Sie brauchen für die Erstellung einer Infografik jemanden, der Analyst und Grafiker in einer Person ist – eine sehr rare Kombination. Suchen Sie daher vor der Erstellung gezielt nach Fachleuten, die sich auf die Erstellung von Infografiken spezialisiert haben.

Professionelles Seeding von Infografiken

Infografiken kuratieren Informationen – und diese entstammen häufig nicht nur eigenen, sondern auch externen Datenquellen. Dies können Sie beim Seeding nutzen. Geben Sie nicht nur Ihre Datenquellen an, sondern nehmen Sie gleich auch noch Kontakt zu den Urhebern auf und teilen Sie ihnen mit, dass Sie ihre Daten visualisiert haben. Social Mentions sind das Mindeste, was Sie auf diese Weise bekommen können; wenn Sie Glück haben, auch Backlinks. Achten Sie darüber hinaus darauf, Ihre eigene Urheberschaft auf der Infografik deutlich zu machen, und darauf, dass Ihr Brand in gängigen Social-Media-Formaten auch sichtbar ist. Im Zweifelsfall erstellen Sie angepasste Versionen für verschiedene Social Networks.

4.2.3 Video & Audio

Videoproduktion ist die Königsdisziplin im Content Marketing. Sie gestaltet sich vergleichsweise teuer, ist personalintensiv und benötigt eine Menge Equipment. Andererseits belohnt sie jedoch auch mit einem sehr aufmerksamkeitsstarken Format, das dem Zeitgeist entspricht. Ein Video kann sehr viel Informationen in kurzer Zeit vermitteln und Emotionen transportieren. Darüber hinaus ist es vergleichsweise leicht, ein Video für mobile Endgeräte zu optimieren. Last, but not least sinkt die Bereitschaft der User im Netz, lange Texte zu lesen. Video ist definitiv das Format der Zukunft und es lohnt sich für Unternehmen, falls noch nicht geschehen, jetzt in die Produktion dieses Formats zu investieren. Doch wie teuer ist ein Video fürs Web wirklich? Heerscharen an YouTubern zeigen: Mit relativ einfachen Mitteln lassen sich die eigenen vier Wände in ein Filmstudio verwandeln. Aus diesem Grund ist dieses Kapitel in die Abschnitte »Videoclips« und »Filmproduktion« unterteilt. Während der erste Abschnitt besagtes Arbeiten mit einfachen Mitteln behandelt, widmet sich der zweite dem professionellen Filmdreh.

Videoclips

So mancher YouTuber ist alleine mit dem Einsatz von Webcam und Charisma zum Star geworden. Vielleicht ist es sogar gerade die Authentizität einer »nicht hochwertigen Produktion«, die dieser aufstrebenden Sorte an Videokünstlern zum Erfolg verhilft. Ein Trend, von dem Unternehmen profitieren können. Es braucht nicht mehr Equipment im Wert eines Einfamilienhauses, um ein erfolgreiches Video zu produzieren. Ausrüstung im Wert von wenigen Hundert Euro genügt. Viel wichtiger sind eine gute Idee, eine geistreiche Präsentation und authentisches Auftreten. Dies gilt sowohl für animierte Filme als auch Drehs mit realen Personen. Was Sie für Letzteres mindestens benötigen, ist eine einfache Kamera mit Stativ (z.B. GoPro), eine Videoschnittsoftware (der Standard ist Adobe Premiere) und natürlich ein oder mehrere Protagonisten. Eine besonders beliebte Form des Webvideos sind Tutorials. Wie immer im Content Marketing gilt auch hier: Vermeiden Sie allzu werbliches Auftreten und rücken Sie den Mehrwert für den User in den Fokus. Ein gutes Webvideo sollte nicht zu lang sein (max. vier Minuten) und in skalierbarer Qualität zur Verfügung gestellt werden.

Tipp

Sie möchten authentisches Videomaterial für Ihr Unternehmen, dieses jedoch nicht selbst produzieren? Starten Sie doch einen Video-Wettbewerb und lassen Sie die Community die Arbeit für sich erledigen. Das Gleiche trifft übrigens auch auf Fotomaterial zu.

Filmproduktion

Mit einfachen Mitteln aufgenommene Videoclips bieten Unternehmen aller Größen die Chance, zum Videopublisher zu werden, ohne große Summen investieren zu müssen. Soll jedoch eine hochwertige Kampagne gestartet, ein Produkt im besten Licht gezeigt oder ein Imagevideo gedreht werden, muss im größeren Stil produziert werden.

Eine professionelle Filmproduktion erfordert umfassende Planung, hochwertige Ausrüstung und selbstverständlich entsprechend qualifiziertes Personal. Sie unterteilt sich in die Phasen Vorproduktion, Produktion und Postproduktion. Die meisten Unternehmen benötigen externe Unterstützung für ein solches Projekt. Planen Sie für eine aufwendige Videoproduktion ein Budget von mindestens 10.000 € ein, wobei es sich hierbei um die Untergrenze eines nach oben offenen Kostenrahmens handelt.

Vorproduktion

In der Phase der Vorproduktion werden Konzept, Drehbuch und Storyboard für den Film entwickelt. Darüber hinaus sind ggf. Schauspieler zu casten und Drehorte auszuwählen. Erst zum Ende der Vorproduktion ist eine detaillierte Kostenkalkulation für den zu entstehenden Film möglich.

Dreharbeiten

Die eigentlichen Dreharbeiten sind die kritischste Phase in der Filmproduktion. Ungeachtet jeder noch so akribischen Vorbereitung können zahlreiche Unwägbarkeiten auftreten, sei es das Wetter, das der Filmcrew einen Strich durch die Rechnung macht, plötzliche Krankheitsfälle oder technische Schwierigkeiten. Planen Sie sowohl zeitlichen als auch monetären Puffer für die Dreharbeiten ein und seien Sie darauf gefasst, dass nicht alles nach Plan verläuft.

Postproduktion

Auf die Postproduktion entfallen der zeitaufwendige Filmschnitt, die digitale Nachbearbeitung und das in seiner Relevanz nicht zu unterschätzende Sounddesign. Der Rohdiamant, der während der Dreharbeiten geschaffen wurde, wird in der Postproduktion geschliffen und erhält seine eigentliche Form.

> **Tipp**
>
> Achten Sie beim Upload in Social-Media-Netzwerke auf die Spezifika der einzelnen Plattformen. Beispielsweise Facebook spielt Videos beim Autoplay ohne Ton ab, dieser muss manuell eingeschaltet werden. Es macht also Sinn, Facebook-Videos mit Untertiteln bereitzustellen.

4.2.4 Websites

Bilder, Videos und Texte bilden meist nur die Einzelbestandteile einer Content-Marketing-Kampagne, die unter dem Dachgerüst einer Webseite zusammengeführt werden, häufig als Onepager, Microsite oder auf einer Subdomain. Wird ein solcher Webauftritt erstellt, sollte darauf geachtet werden, dass dieser benutzer- und suchmaschinenfreundlich ist, gut über soziale Netzwerke geteilt werden kann und auf mobilen Endgeräten exakt dargestellt wird. Mit jeder einzelnen dieser vier Disziplinen lassen sich ganze Bücher füllen, daher sollen hier nur die wesentlichen Grundlagen angerissen werden.

Usability

Im Grunde genommen ist es eine Selbstverständlichkeit: Eine Website sollte so gestaltet werden, dass sie für den Benutzer möglichst leicht zu erfassen und bedienen ist. In der Praxis ist es jedoch mitunter schwieriger, diesem Anspruch gerecht zu werden, als es auf den ersten Blick scheinen mag. User gelangen mit verschiedenen Intentionen, Endgeräten und Browsern auf eine Seite, verfügen über unterschiedliche Gewohnheiten und Ansprüche. Allen möglichen Benutzertypen gleichermaßen gerecht zu werden, ist nicht immer möglich. Jederzeit beachtet werden können allerdings die Grundsätze von Struktur & Klarheit und eine idealisierte User Journey.

Struktur & Klarheit

Dem Grundsatz von Struktur und Klarheit folgend, sollte eine Website so gestaltet werden, dass es möglich einfach ist, sich auf ihr zu orientieren und die dargebotenen Informationen aufzunehmen.

Sind Navigation und Breadcrumbs verständlich aufgebaut? Der User sollte jederzeit wissen, wo er sich auf der Webseite befindet, und relevante Ober- und Unterseiten erreichen können.

Sind die Inhalte selbst übersichtlich gestaltet? Zur Strukturierung von Texten können Überschriften, Absätze und Aufzählungen eingesetzt werden. Bilder, Videos und Icons lockern umfangreichere Seiten auf. Zusätzlich kann mit dem Einsatz interaktiver Elemente der Spieltrieb des Users geweckt und dieser zum Erforschen der Seite angeregt werden.

Kann der Benutzer das Informationsangebot optimal aufnehmen? Die verwendeten Schriftarten sollten gut lesbar sein und auf allen Endgeräten geladen werden können. Bilder und Videos sollten in skalierbarer Größe und Qualität bereitgestellt werden. Minimalistisches Design, die Konzentration auf wenige, dosiert eingesetzte Farben und Elemente erleichtert es dem User darüber hinaus, sich auf das Wesentliche zu fokussieren.

User Journey

Content Marketing ist zwar benutzerzentriert, aber kein Selbstzweck. Jede Content-Marketing-Kampagne dient einem bestimmten Ziel. Dieses sollte im Vorfeld klar definiert und von einem festen KPI-Gerüst gestützt werden. Aufbauend auf dieser notwendigen Vorarbeit kann eine Landingpage so gestaltet werden, dass sie den festgelegten Zielen optimal dient. Hierfür ist es hilfreich, sich Gedanken über eine idealisierte User Journey zu machen.

- Von welchen Quellen gelangen Benutzer auf unsere Webseite?
- Welche Intentionen und Ansprüche könnten sie dabei verfolgen?
- Für welche Keywords soll die Seite optimiert werden?
- In welchen sozialen Netzwerken wird die Kampagne beworben?

Erst wenn diese und ähnliche Fragen beantwortet werden können, ist es möglich, die voraussichtlichen Userintentionen zu kennen. Stellen Sie sich dazu folgende Fragen:

- Welche Informationen und Handlungsaufforderungen sollen dem Benutzer dargeboten werden?
- In welcher Reihenfolge soll dies geschehen?
- Verfügt die Seite über eine innere Logik und eine Dramaturgie?
- Ist die Webseite so gestaltet, dass sie den Zielen, anhand der wir sie messen, gerecht wird und sie optimal unterstützt?

Gehört zum Beispiel eine niedrige Absprungrate zu den angepeilten Kennzahlen, müssen auch genügend ausgehende Links vorhanden und klar erkennbar sein. Conversion-Ziele sollten durch einen eindeutigen Call-to-Action unterstützt und nicht durch weitere Handlungsaufforderungen kannibalisiert werden.

Was passiert, wenn der Benutzer das Ende einer Seite erreicht hat? Ein abruptes Ende der User Journey ist an dieser Stelle immer die schlechteste Wahl. Bieten Sie dem Benutzer Handlungsoptionen. Dies kann beispielsweise das Lesen ähnlicher Beiträge, ein Social Share oder eine Interaktion mit der Seite sein.

SEO

Eng verzahnt mit dem Bereich der Usability ist die Suchmaschinenoptimierung einer Webseite. Google hat seinerseits das Ziel, den Suchmaschinenbenutzern eine optimale User Experience zu bieten, und belohnt benutzerfreundliche Seiten mit besseren Rankings. Darüber hinaus sollten jedoch auch einige SEO-spezifischere Arbeitsschritte beachtet werden. Wie Sie hier im Detail vorgehen können, erfahren Sie in Kapitel 6, »Bereitstellung von Content für Suchmaschinen«.

Mobile

Die Mobile-Optimierung ist aus dem Webdesign nicht mehr wegzudenken, in einigen Bereichen sogar bereits von zentraler Relevanz. Abhängig von Thema und Zielgruppenstruktur verzeichnen viele Websites mehr Zugriffe über mobile Endgeräte als über Desktop-Devices und entsprechend rückt eine Optimierung für diese Geräte in den Fokus. »Mobile« sollte hierbei keinesfalls auf »kleiner Bildschirm« reduziert werden. Smartphones verfügen dank Touchscreen über eine gänzlich andere Benutzerführung als Desktop-PCs und mit beispielsweise Neigungssensor oder auslesbarem Standort des Nutzers über Funktionalitäten, die im Webdesign genutzt werden können.

Von zentraler Bedeutung ist aber natürlich tatsächlich erst einmal die Anpassung der Darstellung an die Bildschirmgröße des Nutzers. Aufgrund der Vielzahl an möglichen Bildschirmgrößen, die mittlerweile für das Webdesign relevant sind, hat sich Responsive Webdesign[4] durchgesetzt und wird in der Regel gegenüber einer separaten mobilen Website bevorzugt.

Ebenfalls eine elementare Rolle spielt die Optimierung der Ladezeit. Befindet sich der Smartphone-Nutzer nicht im WLAN, hat er gegebenenfalls mit langen Ladezeiten zu kämpfen. Komprimieren Sie daher Bilder und nutzen Sie schnell ladende Bildformate wie *.webp* und *.svg*. Darüber hinaus kann die Ladegeschwindigkeit durch Auslagerung von JavaScript und CSS und einen möglichst schlanken Quellcode erhöht werden.

Neben diesen rein technischen Aspekten ist für den Content-Marketer jedoch der Nutzungskontext entscheidend. Mobile-Surfer verhalten sich anders als Desktop-User, haben andere Bedürfnisse und stehen mitunter auch vor anderen Fragestellungen. Befassen Sie sich mit diesem Nutzungskontext und passen Sie sich an die Mobile-User an. Machen Sie Ihren Content »snackable«, sodass er in kleinen Schnipseln konsumiert werden kann. Reichern Sie ihn um lokale Informationen an, die dem Nutzer standortspezifisch angezeigt werden können, und nutzen Sie Smartphone-Funktionen wie Touchscreen, Neigungssensor und Kamera, um sie in Ihr Kampagnenkonzept zu integrieren.

---

4   https://de.onpage.org/wiki/Responsive_Design

Shareability

Virales Marketing war der große Traum der Online-Marketer zu Zeiten der wachsenden Verbreitung von Social Media. Inhalte, die sich über Mund-zu-Mund-Propaganda wie ein Lauffeuer und wie von selbst verbreiten. Heute wissen wir, dass es nicht ganz so einfach ist. Ja, es gibt sie, die »Viral Hits«, doch sie sind selten und ihr Erfolg ist nicht skalierbar. Eine Vielzahl an Faktoren hat dazu geführt, dass sich Inhalte eben nur noch in den seltensten Fällen von selbst verbreiten. Seien es die sinkenden organischen Reichweiten auf Facebook oder aber auch die Übersättigung der User mit Branded Content. Umso wichtiger ist es also, den Usern das Teilen so leicht wie möglich zu machen.

Eine wichtige Maßnahme hierbei ist das Einfügen von Sharing Icons auf der Landingpage. In der Regel ist dieser Schritt im Content-Management-System einer Webseite standardisiert. Genau in dieser Standardisierung liegt aber auch die Krux. Sharing Icons sehen auf jeder Seite gleich aus und sind an den immer gleichen Stellen implementiert. In der Folge blenden die Benutzer sie aus. Sind Social Shares ein wichtiger KPI für Ihre Kampagne? Dann betrachten Sie Sharing Buttons als Call-to-Action und weisen Sie entsprechend deutlich auf diese hin, zum Beispiel mit aufwendiger gestalteten, benutzerdefinierten Designs.

Abseits der technischen Perspektive (vgl. hierzu auch den wichtigen Hinweis auf sogenannte »og-Tags« in Kapitel 6, »Bereitstellung von Content für Suchmaschinen«) gibt es aber auch eine psychologische. Diese liegt in der Frage, wie Inhalte beschaffen sein müssen, damit sie gerne geteilt oder »geshared« werden. Menschen teilen Inhalte besonders gerne aus den folgenden Gründen:

- Hilfsbereitschaft
- Profilierung
- Kontaktpflege
- Reflexion
- Emotionale Trigger

Häufig entdecken wir Inhalte, die für uns sehr hilfreich sind, und teilen diese anschließend mit anderen in der Hoffnung, dass sie für diese ebenfalls wertvoll sind. Ein weiterer Anlass zum Teilen liegt in der Profilierung. Wir suchen nach Anerkennung in unserem Umfeld, indem wir Inhalte teilen, die besonders beeindruckend, einzigartig oder faszinierend sind. Eng verwandt mit diesem Anlass ist das Teilen von Inhalten zur Kontaktpflege, das vor allem im beruflichen Kontext stattfindet. Darüber hinaus wird Content mitunter geteilt, um über seinen Inhalt zu reflektieren. Wir posten beispielsweise einen Newsbeitrag oder ein Video und möchten von unserem Umfeld wissen, was es davon hält. Last, but not least sorgen emotionale Trigger dafür, dass Inhalte geteilt werden, die starke Emotionen hervorrufen.

4.3 Go-Live und Kampagnensteuerung

Die Inhalte für eine Content-Marketing-Kampagne sind produziert, alle Freigaben erteilt, der Zeitpunkt für den Go-Live gekommen. Als Abschluss dieses Kapitels sollen hier noch einige Tipps für den eigentlichen Livegang einer Kampagne gegeben werden.

Ressourcen & Veröffentlichungszeitpunkte

In den meisten Fällen wird der Veröffentlichungszeitpunkt einer Kampagne bereits vor der Produktion bestimmt, doch nicht immer klappt alles wie geplant, es ergeben sich Verzögerungen. Häufig werden Marketingkampagnen dann nach Monaten der Vorbereitung hastig und zu ungünstigen Zeitpunkten veröffentlicht. Machen Sie diesen Fehler nicht und halten Sie kurz vor dem Live-Gang noch einmal kurz inne und stellen Sie sich die folgenden Fragen:

- An welchen Wochentagen und zu welchen Uhrzeiten kann ich meine Zielgruppe besonders gut erreichen?
- Finden zum Go-Live-Termin große Events wie z.B. Sportereignisse statt, die die Aufmerksamkeit von meiner Kampagne abziehen könnten?
- Fällt mein Go-Live-Termin mit Urlaubszeiten in einem oder mehreren Bundesländern zusammen?

Sollten Sie die zweite und dritte Frage mit »Ja« beantworten können, denken Sie darüber nach, den Live-Gang Ihres Contents auf einen günstigeren Zeitpunkt zu verschieben.

Planen Sie darüber hinaus technische und personelle Ressourcen für den Go-Live einer Content-Marketing-Kampagne ein. Sollte sie die gewünschte Aufmerksamkeit erreichen, müssen Sie auch bereit sein, auf diese zu reagieren. Ein breites Echo in sozialen Netzwerken oder gar der Presse darf nicht ungehört verhallen. Dies ist umso kritischer, wenn Sie sich für einen Freitag oder die Abendstunden als Zeitpunkt des Live-Gangs entschieden haben.

Haben Sie eine Landingpage für Ihre Kampagne erstellt? Enthält sie interaktive Elemente wie Kontaktformulare, Kommentarfelder oder umfangreiche Mediendateien wie Videos? Dann müssen nicht nur Ihre Mitarbeiter, sondern auch Ihre Server auf einen Erfolg der Kampagne vorbereitet sein. Stellen Sie sicher, dass ausreichend Rechenleistung zur Verfügung steht, um eine große Anzahl von Aufrufen Ihrer Landingpage bearbeiten zu können.

Überwachung einer Kampagne

Laufende (Content-)Marketing-Kampagnen sollten beständig überwacht und auf ihre Zielerreichung hin überprüft werden. Nach ein, spätestens zwei Wochen Laufzeit einer Kampagne sollten Sie genügend Daten haben, um vorsichtig abschätzen zu können, ob die Kampagne Ihre Ziele erreichen wird oder nicht.

Stellt sich die erhoffte Reichweite in sozialen Netzwerken ein? Wenn nicht, sollte vielleicht ein höherer Betrag in die Bewerbung der Beiträge gesteckt werden. Oder vielleicht findet sich ein Influencer, der bereit ist, Ihre Inhalte zu teilen oder anderweitig mit Ihnen zusammenzuarbeiten.

Sind Ihre Inhalte in Suchmaschinen sichtbar? Rankings auf der ersten Seite oder gar Platz 1 entwickeln sich selten über Nacht, sollte Ihr Content aber generell eine sehr niedrige Sichtbarkeit aufweisen, sind vielleicht technische Schwierigkeiten die Ursache oder es besteht ein Duplicate-Content-Problem. Monitoren Sie daher die Sichtbarkeit Ihrer

Inhalte, bessern Sie gegebenenfalls nach und fördern Sie existierende Rankings.

Last, but not least sind Sie gewiss am qualitativen Feedback auf Ihre Kampagne interessiert. Nicht selten haben erfolgreiche Content-Marketing-Kampagnen einen provokativen Unterton oder polarisieren die Gesellschaft. Da bleibt Kritik bis hin zum gefürchteten Shitstorm nicht aus. Seien Sie daher auf den Worst Case vorbereitet und stellen Sie sicher, eine Strategie und die Ressourcen für den Umgang mit negativem Feedback zu haben. Diese muss nicht immer darin liegen, vor Kritikern einzuknicken. Wenn Sie beziehungsweise für Ihre Marke einen Standpunkt haben, der es wert ist, vertreten zu werden, sollten Sie das auch tun. Eine gute Kampagne muss nicht allen gefallen – nur den richtigen.

5

Content-Distribution

Wer viel Mühe in die Planung und Erstellung seiner digitalen Inhalte steckt, möchte sicherstellen, dass diese wahrgenommen werden. Wie aus den vorangehenden Kapiteln hervorgeht, spielt im Content Marketing der Kanal-Search eine bedeutende Rolle. Die Content-Distribution umfasst im Fall der Search-Optimierung die eigene Webseite und die Suchergebnis-Seiten der verschiedenen Suchmaschinen. In vielen Fällen ist es aber sinnvoll, den Website-Content über weitere Kanäle zu verbreiten. Dabei ist es im Content Marketing meistens das Ziel, Besucher aus verschiedenen anderen Kanälen auf die eigene Webseite zu locken. Der Grund: Dort findet in aller Regel die Kaufentscheidung oder die entscheidende Nutzerkonversion statt, die das Ziel aller Marketingbemühungen darstellt. Alternativen zum Kanal-Search werden insbesondere dann relevant,

- wenn bestimmte Nutzergruppen (Zielgruppen) inspiriert werden sollen, eine Auswahl an Lösungen für ihre Bedürfnisse kennenzulernen, nach der sie selbst (noch) nicht aktiv suchen, oder

- wenn es darum geht, bestehende Nutzer – oder auch Follower und Fans – zu einem erneuten Besuch der eigenen Webseite einzuladen.

Die Nutzeransprache kann dabei auf verschiedenen Wegen erfolgen. Sie lässt sich in drei Typen aufteilen, nämlich in Owned Media, Paid Media und Earned Media.

5.1   Owned, Paid, Earned

Als **Owned Media** werden alle Kanäle oder Plattformen bezeichnet, die Sie selbst langfristig kontrollieren und mit eigenen Inhalten gestalten. Im Kern sind das Ihre eigenen Webseiten (Desktop und mobil), redaktionelle Formate im eigenen Web-Angebot wie beispielsweise der Unternehmensblog sowie alle Social-Media-Accounts, die Sie selbst redaktionell bespielen.

Paid Media sind alle Kanäle und Plattformen, die Sie nur gegen Bezahlung und nur für die Dauer einzelner Kampagnen hinzuziehen. Das sind gesponserte Beiträge auf Social Media wie Facebook oder Twitter, Display-Ad-Schaltungen sowie verschiedene redaktionelle Formen bezahlter Inhalte wie etwa Native Ads.

Earned Media sind schließlich alle Formen von Inhalten, für die Sie zwar die Voraussetzungen und Gelegenheiten schaffen, die Sie aber nicht selbst gestalten. Das sind zum einen Nutzerreaktionen auf Ihre Artikel oder Blogpostings in Form von Likes, Shares, Kommentaren oder Bewertungen. Zum anderen lassen sich im Rahmen Ihres Content Marketings erzielte Beiträge in Drittmedien wie etwa in journalistischen Online-Medien sowie darin enthaltene Backlinks als Earned Media bezeichnen. Diese Inhalte können Sie am wenigsten kontrollieren, gleichzeitig können sie wesentlich zur Glaubwürdigkeit Ihres Angebots insgesamt beitragen.

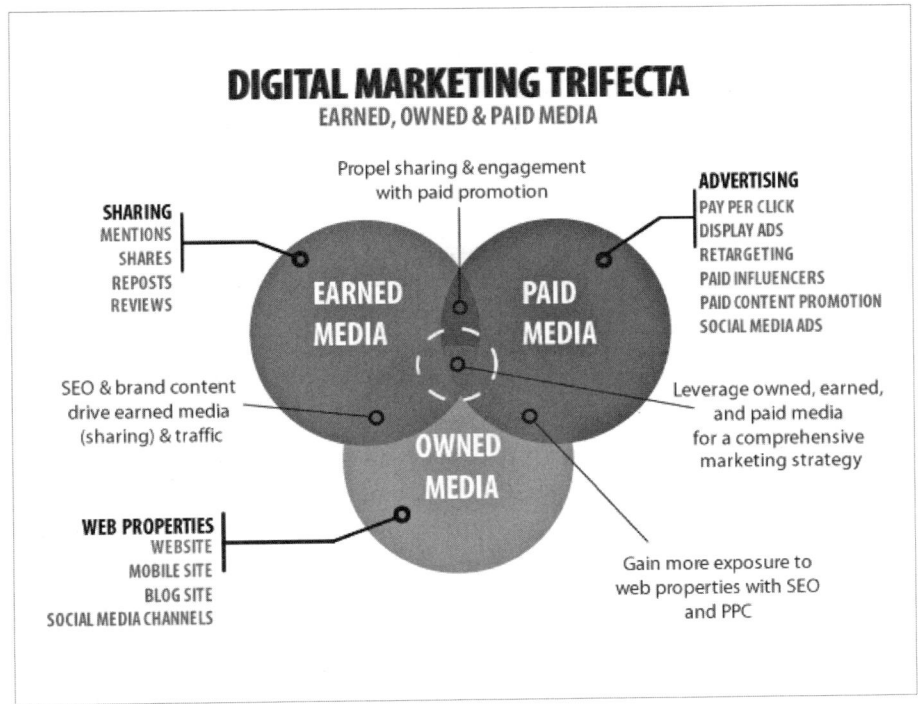

Abb. 5.1: Quelle: `https://blog.bufferapp.com/content-distribution-tools`

Wie Abbildung 5.1 nahelegt, sind die verschiedenen Optionen für die Content-Distribution nicht strikt voneinander getrennt anzusehen. Sie entfalten ihre volle Kraft im Zusammenspiel. Es ist Ihre Aufgabe als

Content-Marketer, das Zusammenspiel auf das jeweilige Ziel und die damit verbundene Zielgruppe abzustimmen. Sehen wir uns zunächst ein paar Beispiele für verschiedene Kombinationen zwischen Owned, Earned und Paid an:

1. Sie können einen Blogpost (Owned) auf Ihrem eigenen Social-Media-Profil (Owned) organisch teilen. B2B-Content-Produzenten nutzen häufiger Twitter, im B2C ist Facebook oft der Kanal der Wahl.

   Nachteil: Nur Follower und Fans werden direkt erreicht, der übrige Erfolg hängt davon ab, ob diese Ihren Inhalt freiwillig weiterverbreiten.

2. Sie können Ihren Blogpost (Owned) zusätzlich über einen gesponserten Post (Paid) auf Social Media bewerben. Das bietet sich beispielsweise an, wenn Sie saisonale Inspirationen rund um Ihre Produkte bieten möchten, wie etwa Geschenk-Ideen zu Weihnachten.

   Der Nachteil: Es entstehen zusätzliche Kosten. Der Vorteil: Sie können das Zielpublikum vorab genau bestimmen und Ihre Reichweite über bestehende Kunden und Follower hinaus maximieren.

3. Sie können Nutzer über einen gesponserten Social Media Post (Paid) dazu animieren, an einer Mini-Umfrage teilzunehmen. Sie erhalten daraufhin Nutzer-Reaktionen (Earned), die Sie verwenden können, um neuen Content zu erstellen, der wiederum von Ihren Zielgruppen gerne aufgenommen wird. Mit der Ergebnis-Präsentation auf einer eigenen Landingpage (Owned) können Sie weitere Nutzer-Interaktionen erzeugen (Earned) und somit ein Thema platzieren, das für Sie relevant ist.

4. Sie können einen Magazin- oder Blogtext zu einem häufig gesuchten Thema mit Elementen anreichern, die Nutzer zum Teilen auf Social Media animieren. Profi-Blogger nutzen beispielsweise häufig Schlüssel-Zitate aus dem eigenen Text, die durch einen Klick in ein vorab definiertes soziales Netzwerk geteilt werden können. Damit entsteht ein Zusammenspiel zwischen Owned und Earned Media, das zur weiteren Verbreitung Ihrer Inhalte beiträgt.

Übung: Nutzerfluss vor dem geistigen Auge

Begeben Sie sich bewusst auf eine »Gedankenreise« rund um Ihren Content. Führen Sie sich den Nutzerfluss bildlich vor Augen und überlegen Sie sich bezogen auf Ihre Inhalte ein Zusammenspiel der Plattformen und Kanäle, das Ihnen wahrscheinlich und sinnvoll erscheint.

So nähern Sie sich intuitiv einem effizienten Plan für Ihre Content-Distribution an. Zudem beginnen Sie, das Web als das anzuerkennen, was es ist: ein weltweites Netz an Möglichkeiten, in dem Menschen interagieren: miteinander und mit Inhalten, als Konsumenten und als Produzenten von Inhalten zugleich.

Content-Marketer müssen schrittweise verstehen, wie die eigenen Zielgruppen auf den verschiedenen Kanälen und Plattformen agieren. Beispiel Bücher-Geeks: Sie rezensieren in eigenen Blogs, finden sich als Rezensenten auf Goodreads ebenso wie auf Marktplätzen wie Amazon. Sie lesen Lifestylemagazine online und offline und gehen auf die großen Fachmessen und Literaturlesungen. Kaufentscheidungen werden an mehreren Touchpoints getroffen. Die Fülle der möglichen Kontaktpunkte ist groß.

Die Grafik von smartinsights.com in Abbildung 5.2 rückt digitale Touchpoints in den Fokus. Sie verdeutlicht zunächst die Vielfalt der Kanäle und Plattformen außerhalb der Unternehmens-Webseite. Gleichzeitig rückt sie bestimmte Plattformen in die Mitte des Geschehens, die in vielen Fällen eine dominante Rolle spielen.

Verschiedene Tools und Wege, die präferierten Kanäle der Zielgruppen methodisch nachzuvollziehen, beschreibt in diesem Buch der Abschnitt 3.5 »Kanalplanung«.

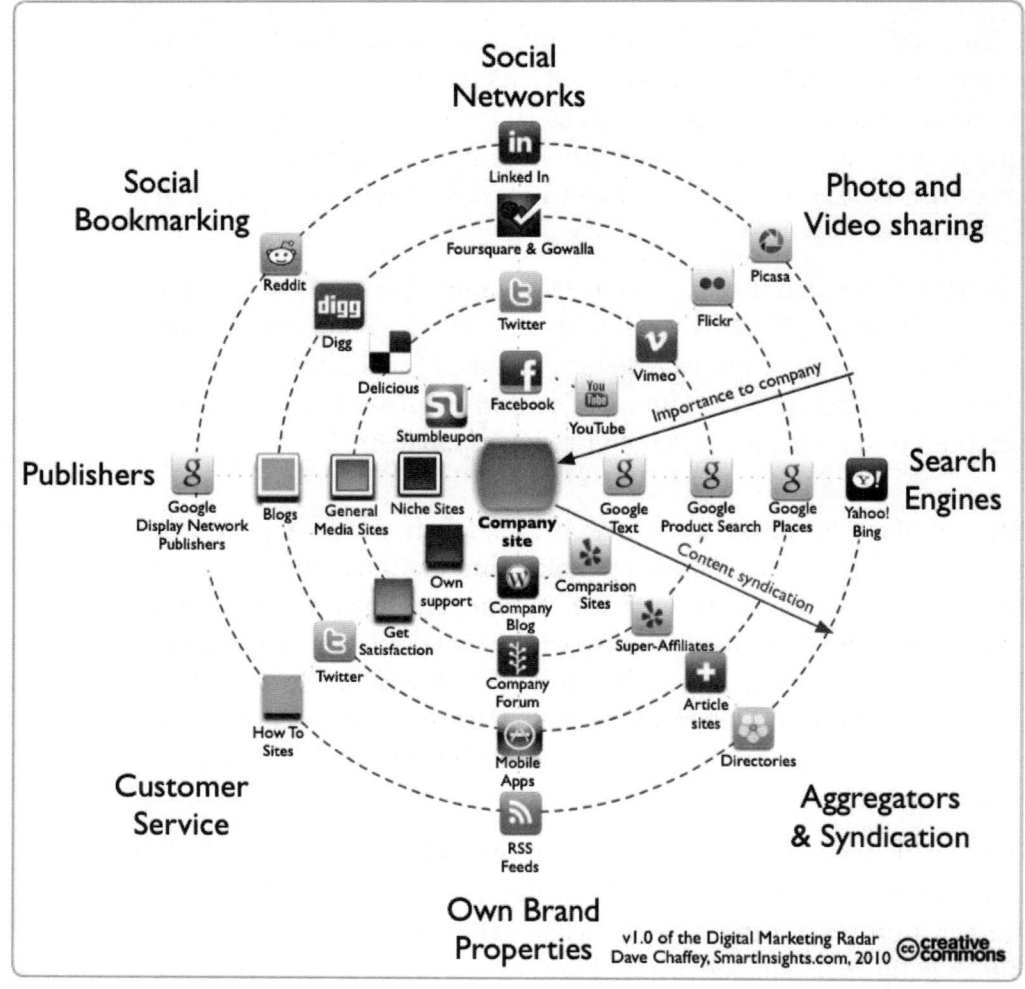

Abb. 5.2: http://www.smartinsights.com/online-pr/

5.2 Suchmaschinenwerbung (SEA)

Suchmaschinenwerbung ist eine der häufigsten Methoden, um Traffic für bestimmte Zielseiten zu generieren. Meist wird die Abkürzung SEA für Suchmaschinenwerbung genutzt, als Abkürzung für den englischen Begriff *Search Engine Advertising*. SEA gehört zu den Werbeformen, die nach einem Pay-Per-Click(PPC)-Modell abgerechnet werden. Das bedeutet, dass die Kosten für eine SEA-Anzeige steigen, je öfter diese angeklickt wird. Eine besonders populäre Form der Suchmaschinenwerbung ist Google AdWords. Damit ist das gezielte Schalten von textbasierten Kurzanzeigen auf Google-Suchergebnisseiten gemeint.

Warum lohnt es sich auch für den Content-Marketer, einen Blick auf SEA-Optionen wie Google AdWords zu richten? Ein wichtiger Grund ist der Faktor Zeit: Suchmaschinen-Anzeigen entfalten ihre Wirkung sofort in Form eines Trafficstroms, der über Klicks auf die Ad auf der Zielseite landet. Ein typisches Einsatzgebiet für diese Ads ist daher der Abverkauf in Sale-Perioden. Die Anzeigen werden dann für Keywords wie »Diesel Jeans Sale« oder »Mietwagen Italien günstig« gebucht. Wichtig ist, dass die Zielseite das Versprechen einlöst, das über die Ad vermittelt wird. Findet auf der Zielseite kein Sale statt oder mangelt es an günstigen Angeboten, funktioniert das Konstrukt nicht.

Kommen SEA-Anzeigen auch für das Bewerben von Content infrage, der nicht direkt mit einer Kaufabsicht korreliert, der also in einer früheren Phase der Customer Journey wirksam sein soll? Das kann durchaus Sinn machen! Ein Beispiel: Sie wollen über eine bestimmte Landingpage etwa Downloads und vielleicht auch E-Mail-Adressen generieren rund um ein starkes Positionspapier zu einem Trend-Thema im B2B-Umfeld. Hier können SEA-Anzeigen ein sehr wirksames Mittel sein, um die gewünschten Leads zu generieren. Voraussetzung ist natürlich, dass Sie das Thema des Positionspapiers auch mit real existierenden Suchanfragen verknüpfen können. Diese müssen Sie zuerst recherchieren, wie es im Kapitel 3, »Content-Planung«, beschrieben wird.

Zusammenfassend gilt aber: Solange Sie ein Matching herstellen können zwischen einer Suchanfrage und den Inhalten, die Sie verbreiten möchten, ist SEA potenziell ein interessanter Kanal.

Keyword-Optimierung

Es gibt weitere Möglichkeiten, um SEA-Kampagnen und Content Marketing miteinander zu verknüpfen. Am Ende des Tages ist es für Sie als Content-Marketer ein Ziel, die Inhalte zu finden, die einerseits relevant für Nutzer sind, die andererseits aber auch zum Erfolg Ihres Unternehmens beitragen. Google-AdWords-Anzeigen können Ihnen dabei helfen, die goldene Mitte zu finden. Eine beliebte Vorgehensweise ist es etwa, für bestimmte Keywords eine AdWords-Anzeige mit der Voreinstellung »Broad Match« zu buchen. Das führt dazu, dass Ihre Anzeige nicht nur für die exakte Suchanfrage, sondern auch für solche Keyword-Kombinationen ausgespielt wird, die von Google als artverwandt eingestuft werden. Über den Bericht in Ihrem AdWords-Konto können Sie nach einiger Zeit herauslesen, welche alternativen Suchanfragen im Kontext Ihres Fokus-Keywords auftauchen und welche davon besonders gut konvertiert haben.

Es bedarf einiger Übung und ist sicher zum Teil auch so etwas wie professionelle Kaffeesatz-Leserei. Aber der ein oder andere Marketer hat auf diese Weise bereits gut konvertierende Keywords gefunden, die er anschließend für die Optimierung von Content nutzen konnte, der organische Suchmaschinen-Rankings erzielt. Auf diese Weise können SEA und SEO im Content Marketing sinnvoll zusammenarbeiten. Das gewünschte Resultat sind nicht nur irgendwelche Rankings in Suchmaschinen, sondern solche, die sich für Ihr Geschäft lohnen.

Text-Optimierung

SEA-Ads können unendlich oft verändert werden und damit auf bestimmte Zielgruppen individuell und in Echtzeit abgestimmt werden. Vergleicht man die unterschiedlichen Variationen, kann der beste Ad-Text mit den meisten Klicks und der besten Conversion ermittelt werden. Dieses Wissen ist zum Beispiel auch nützlich für den Snippet-Text, Call-to-Actions oder bei der gezielten Ansprache unterschiedlicher Zielgruppen via Meta Title & Description, um die Click-Through-Raten zu verbessern.

Passende Landingpages finden

SEO-Daten in Analytics können im Suchmaschinenmarketing genutzt werden, um Landingpages auszumachen. Seiten mit niedrigen Absprungraten und hoher Aufenthaltsdauer könnten so als passende Webseiten in SEA-Kampagnen aufgenommen werden. Vorqualifizierte Seiten mit bereits guten Nutzersignalen können die Conversion-Rate von SEA-Kampagnen begünstigen. Generell gilt, dass eine URL, die bereits gute organische Keyword-Rankings erzielt hat, die Voraussetzungen erfüllt für einen guten »Quality Score« in Google AdWords.

Unterschiedliches Nutzerverhalten

Nutzer unterscheiden sich in ihrem Klick-Verhalten. Die einen klicken nur auf organische Suchergebnisse, andere lieber auf die darüber aufgelisteten Ads. Es ist daher wichtig, Nutzer auf allen Stufen der Customer Journey anzusprechen.

Organische Verluste mit Paid auffangen

Organische Keyword-Positionen sind nicht in Stein gemeißelt. Es ist durchaus möglich, dass sich Positionierungen für bestimmte Keywords verschlechtern. Daraus resultierende Umsatzeinbußen können Sie kurzfristig mit bezahltem Traffic auffangen, während Sie in der Zwischenzeit versuchen, das organische Ranking wiederherzustellen.

Linkquellen identifizieren

Mit dem Google Display Network und den darüber eingekauften Platzierungen können neue Linkquellen ausgemacht werden. Vor allem diejenigen Platzierungen mit hohen Klick-Zahlen kommen als direkte Linkgeber in Betracht.

Mobile first

Auf dem Performance Summit 2016 kündigte Google eine Anzahl von Neuerungen in AdWords an, darunter einen neuen »mobile-first« Bidding Support, »Promoted Pins« für Werbung in Google Maps, erweiterte Text Ads, Local Search Ads und vieles mehr. All diese Veränderungen führen dazu, dass es schwieriger wird, Reichweite über die technische Suchmaschinenoptimierung für mobile Endgeräte zu generieren. Statt organischer Suchergebnisse werden – zumindest was die mobile Suche angeht – Ads relevanter werden und größere Sichtbarkeit erreichen.

Für die Sichtbarkeit in der mobilen Suche ist es ratsam, SEA Ads unterstützend einzusetzen.

Mehr Ad Clicks mithilfe von SEO

Google zufolge steigt die Wahrscheinlichkeit eines Klicks auf eine Ad, wenn ein entsprechendes Ergebnis der gleichen Seite/Brand auch in den organischen Ergebnissen zu finden ist.

5.3　Social-Media-Distribution

Durch den Aufbau eigener Präsenzen in Social Media schaffen Sie die Voraussetzung dafür, diese Kanäle für die Content-Distribution zu nutzen. Die sozialen Medien sind das Gesicht einer Marke und eines Unternehmens. Posts sind oft umgangssprachlich, informell und humorvoll und nehmen den Ton der Community auf. Hier zählt weniger der Text, sondern das Bild. Besonders wichtig ist dabei der Zeitpunkt, wann gepostet wird. Die generelle Lebensdauer eines Postings beträgt nicht mehr als wenige Stunden, bevor es im Newsfeed zu weit nach unten rutscht. Dabei weist jeder Social-Media-Kanal seine eigenen Hoch-Zeiten aus, wann Nutzer am aktivsten sind und wann Inhalte die größten Chancen haben, wahrgenommen zu werden.

Alle Studien zum Thema Social Media haben eines gemeinsam: Es lässt sich kaum ein eindeutiges Fazit ziehen, welche Inhalte zu welcher Zeit auf welchem Social-Media-Kanal die besten Chancen haben, Aufmerksamkeit zu erzielen. Die Unterschiede sind vor allem für verschiedene Branchen und Zielgruppen sehr groß.

Tipp: Verhalten Ihrer Social-Media-Nutzer erforschen

Zwei Ebenen der Analyse sind für Content-Marketer wesentlich:

Social-Media-Analytics-Tools, die von den verschiedenen Netzwerkbetreibern kostenlos bereitgestellt werden, sobald ein eigenes Unternehmensprofil angelegt wird, geben Aufschluss über die Nutzerinteraktionen rund um einzelne bezahlte und organische Postings. Testen Sie, so viel Sie können, um für sich wichtige Punkte zu klären:

1. Zu welcher Tages- und Nachtzeit erhalten Sie die besten Interaktionsraten für ein Thema (Likes, Shares, Kommentare, Follower)?
2. Welche Bildinhalte funktionieren am besten für welche Teilzielgruppe (bezahlte Posts)?
3. Welche Kombinationen aus Text und Handlungsaufrufen (Call-to-Action) funktionieren am besten?
4. Welche Kombinationen aus Social-Media-Post und Landingpage-Inhalt funktionieren am besten?

Web-Analytics-Tools wie Google Analytics zeigen Ihnen, inwieweit es Ihnen gelingt, Nutzer auf Social Media zu mobilisieren und anschließend auf Ihre Webseite zu locken. Mehr Hinweise zu Möglichkeiten des Traffic-Monitorings per Google Analytics finden Sie in Kapitel 7, »Content-Marketing-Analytics«.

Welche Social-Media-Plattform für welches Geschäftsmodell am besten geeignet ist, lässt sich nur schwer ein- oder abgrenzen. Hier stattdessen eine grobe Beschreibung der Themenwelten und Zielgruppen, die auf Plattformen »zu Hause« sind, die für den deutschen Markt besonders relevant sind.

- **Pinterest** hat sich als Plattform für kreativ Interessierte und Aktive aller Art entwickelt, die dort nach neuen Ideen und Inspirationen für Projekte suchen und nach einzigartigen Objekten, die sich von der Masse verfügbarer Produkte abheben und in Trend-Kategorien abbilden lassen. Pinterest-Pins sind potenziell geeignet, um die Aufmerksamkeit relevanter Nutzer auf das eigene Web-Angebot zu lenken. Content-Marketer müssen hier »um die Ecke denken« und es den Nutzern der eigenen Website erleichtern, inspirierenden Bild-Content in sozialen Netzwerken zu teilen. In der Regel dienen dazu »Social Sharing Buttons«. Das Teilen auf Pinterest erleichtert der »Pin It«-Button am Ende eines Artikels. Besonders wertvoll: Ein auf Pinterest gepinntes Bild ist auch ein Link, der auf das eigene Webangebot verweist.

- **Facebook** ist bedeutend für eine große Bandbreite an Themen, der Schwerpunkt liegt aber auf B2C-Inhalten sowie Inhalten mit Bezug zu einem aktuellen Ereignis oder Geschehen (Jahreszeiten, Feiertage, Weltgeschehen etc.). Wer bezahlte Werbeformen auf Facebook nutzt, wie beispielsweise Promoted/Sponsored Posts, kann Weiterleitungen auf ein Angebot außerhalb von Facebook als Kampagnenziel angeben. Dieses Ziel ist einstellbar über die Facebook-Tools »Werbeanzeigenmanager« und »Power Editor«. Beide Tools bieten zudem die Möglichkeit, Zielgruppen nach Interessen zu filtern. Dadurch lässt sich sicherstellen, dass der beworbene Content sich mit den Interessen der angesprochenen Nutzer deckt.

- **YouTube** und **Instagram** sind gut geeignet, um die Aufmerksamkeit für die eigene Marke und eigene Produkte zu steigern. Für diese Kanäle entwickeln viele Unternehmen inzwischen ein eigenes Content Marketing, das die Dynamik und Eigenlogik dieser Plattformen nutzt, um bei relevanten Zielgruppen im Gespräch und im Bewusstsein zu bleiben. Professionell produzierte Ratgeber-Videos dienen als Teaser für Produkte – ein Experten-Videobeitrag zum Thema »Haut« kann beispielsweise als Teaser für ein Hautpflegeprodukt dienen – und einen Link auf das eigene Web-Angebot enthalten. YouTube ist für jüngere Generationen zum On-Demand-TV und bisweilen auch TV-Ersatz aufgestiegen, während Instagram von vielen Lifestyle-Interessierten zur Selbstdarstellung und zum Vergleich mit den Produkt- und Trendvorlieben anderer genutzt wird.

- Auch die Business-Netzwerke **LinkedIn** und **Xing** lassen sich in eine Content-Marketing-Strategie integrieren. LinkedIn ermöglicht es jedem Netzwerk-Mitglied, ausführliche eigene Beiträge direkt auf der Plattform zu veröffentlichen. Zahlreiche CEOs sowie Experten für Innovationsthemen nutzen bereits diese Möglichkeit, um sich und das dahinterstehende Unternehmen zu positionieren. Xing veröffentlicht im eigenen Debatten-Magazin »klartext« meinungsbetonte Beiträge zu aktuellen Themen mit Bezug zum Wirtschaftsgeschehen. Allerdings steht bei Xing die Option, als Autor aktiv zu werden, nur eingeladenen Experten offen.

- Der Kurznachrichtendienst **Twitter** lebt primär von der schnellen Reaktion auf und der schnellen Meinungsbildung rund um aktuelle Ereignisse. Durch den Einsatz von Hashtags werden eigene Kommentare und Einschätzungen für ein großes Publikum sichtbar. Fachautoren nutzen zudem die Möglichkeit, ihre Inhalte zu bewerben und damit an aktuelle Debatten in ihrer Disziplin anzuknüpfen – und somit ihre individuelle Bekanntheit zu stärken. Wer die Fachbeiträge auf seiner Website mit einem Twitter-Sharing-Button versieht, versetzt bestehende Nutzer in die Lage, Empfehlungsmarketing für die eigenen Inhalte zu betreiben. Last, not least sind auch auf Twitter bezahlte Tweets möglich, um Botschaften mit Handlungsaufforderung an die Nutzer (Call-to-Action) zu platzieren. Auf diese Art lassen sich neue Nutzer für das Content-Angebot auf der eigenen Website gewinnen.

Allen Social-Media-Kanälen ist gemein, dass es sich in der Regel nicht auszahlt, die eigene Marke zu sehr in den Vordergrund zu rücken. Es geht primär um das Beraten, Unterhalten und Informieren und somit um das Generieren von Aufmerksamkeit und Interesse über relevante Themen und Inhalte. Wie immer gilt auch hier: Ausnahmen bestätigen die Regel – probieren Sie aus, was für Ihr Geschäftsmodell funktioniert, und holen Sie sich Inspiration auf den Social-Media-Kanälen Ihrer Wettbewerber.

Das Teilen von Fremdinhalten gehört dazu

Social Media 4-1-1 beschreibt ein System, das Unternehmen eine größere Sichtbarkeit über den Einbezug von Social Influencern ermöglicht. Von sechs verbreiteten Inhalten auf dem eigenen Social-Media-Kanal sollten möglichst vier geteilte Inhalte sein, die von Influencern stammen, die auf die gleiche Zielgruppe abzielen. Das heißt: Zwei Drittel der Zeit, die man als Social-Media-Manager aufwendet, sollten in das Teilen relevanter Informationen Dritter fließen. Das können im B2B Studien und interessante Whitepaper sein, News von Partnern oder auch Meinungsartikel aus der Printmedien-Welt. Einer von sechs Inhalten sollte informativer und selbst produzierter Thought Leadership Content sein, wie etwa eine eigene Studie oder ein eigener Case. Das verbleibende Posting sollte sich auf etwas Verkaufsförderndes beziehen, wie zum Beispiel ein Gutschein oder eine Pressemitteilung.

Für mehr Effizienz in der Content-Distribution sorgen Tools, die das Planen von Social-Media-Inhalten und zugleich das Monitoring laufender Kampagnen erleichtern. Mit Hootsuite können Sie beispielsweise Inhalte automatisiert veröffentlichen und dazu die wichtigsten Daten zur Reichweite und Effektivität einer Kampagne erhalten. Darüber hinaus bietet Hootsuite die Möglichkeit, über Social-Media-Listening in Echtzeit Erkenntnisse zu bestimmten Keywords (Themen, Brand) zu gewinnen.

5.4 PR für Content

Content-Distribution kann nicht in allen Fällen alleine von einem Online-Marketing-Team geleistet werden. Manchmal ist es nötig, ein PR-Team hinzuzuziehen oder zumindest PR-Methoden in die Content-Distribution mit einzubeziehen. PR hat als Disziplin eine lange, eigene Tradition und einen viel weiteren Umfang, als im Rahmen dieses Buches beschrieben werden kann. PR hat aber als Option für die Content-Distribution immer dann eine Aufgabe, wenn Sie bestimmte Zielgruppen am besten über Partner erreichen – das heißt über andere Medien oder sogenannte »Influencer«. Influencer sind im engeren Sinn Personen, die eigene Online-Kanäle erfolgreich betreiben und große Nutzermengen erreichen.

Medien und Influencer identifizieren

Zu Beginn der Distributionsplanung geht es um die Recherche geeigneter Ansprechpartner. Während der Recherche, egal ob Blogger und Social-Media-Influencer, Redakteure, Journalisten und freie Autoren in Online-Portalen, Fachmedien oder allgemeine Print-Medien recherchiert werden, sammeln Sie wertvolle Informationen. Sie können dadurch einschätzen, wie die Inhalte für die jeweiligen Kanäle aufgebaut sein sollten, um so attraktiv wie möglich auf die einzelnen Ansprechpartner zu wirken. Es mag sein, dass ein Journalist für den eigenen Hintergrund fachlich tief greifende Information in Textform schätzt, auch wenn die Informationen als Infografik oder Checkliste auf Nutzer attraktiver wirken. Eine häufig erfolgreiche Methode ist es, gezielt nach Ansprechpartnern zu suchen, die bereits zu vergleichbaren Themen publiziert haben. Diesen Autoren und Medien kann ein latentes Interesse für Ihr spezielles Thema unterstellt werden.

Alternativ können Sie Inhalte ausfindig machen, die Ihren ähneln, und anschließend über Tools wie z.B. Open Site Explorer herausfinden, welche Webseiten und Autoren darauf verlinken. Es geht darum, Seiten aufzuspüren, die von vielen anderen als Referenzquelle herangezogen werden. Gelingt Ihnen eine Platzierung auf einer dieser Seiten, kann sich Ihr Inhalt wie in einem Schneeballsystem verbreiten. Solchen starken Distributionspartnern sollten Sie Inhalte auch gerne exklusiv anbieten. Das Interesse solcher Partner sollten Sie in einer Pre-Outreach-Phase individuell abklopfen.

Ein Journalist, den Sie in die eigenen Büroräume eingeladen und bewirtet haben, fühlt sich meist verpflichtet, nicht nur irgendeinen, sondern einen positiven Artikel zu veröffentlichen. Bieten Sie ausgewählten Journalisten exklusive Informationen – gerne auch vorab. Niemand ist gerne eine anonyme Nummer in einem riesigen Verteiler. Bieten Sie Linktauschoptionen an: Sie müssen ja nicht gleich von der eigenen Startseite auf andere verlinken, aber Blogger freuen sich immer, wenn sie von einem Brand auf Facebook oder anderen sozialen Kanälen erwähnt werden. Media Relations müssen langfristig gedacht und geplant werden: Kontakte aufbauen und eine persönliche Note einbringen braucht Zeit. Aber es lohnt sich.

Vor dem Outreach (Pre-Outreach-Phase)

Der erste Kontakt zu ausgewählten Medien sollte erfolgen, bevor Sie sich der Massenkommunikation bedienen. Wer noch nicht über ein eigenes Netzwerk an Bloggern oder Influencern verfügt, kann nach der Recherche potenzieller Partner eine Short- und eine Longlist anfertigen. Auf die Shortlist kommen ausschließlich ausgewählte Partner – jene Medien, die aufgrund ihrer Bedeutung im Kontext der eigenen Ziele als Exklusivpartner infrage kommen. Es lohnt sich, diese Medienpartner vorab zu kontaktieren (Blogger: individuelle E-Mail, Journalisten: individuelle E-Mail und Telefon) und das Thema zu »pitchen«, das heißt, kurz und bündig vorzustellen.

Dabei lassen sich wichtige Fragen klären:

- Sind die Ansprechpartner überhaupt interessiert an Kooperationen mit dem eigenen Unternehmen oder an den vorgestellten Informationen?

- Können sie sogar wertvolle Tipps geben, wie etwa zu anderen Autoren, mit denen sie vernetzt sind?

- Gibt es eventuell Details, die man bei der Content-Produktion noch berücksichtigen sollte?

Mit einer Stunde Zeitaufwand lassen sich diese Fragen in einer persönlichen Ansprache lohnend klären. Mit dem richtigen Mix aus Zielstrebigkeit und Höflichkeit lässt sich ein eigenes Netzwerk an Kontakten aufbauen. Zwei Punkte sind für den Erfolg der Medienansprache essenziell: Aktualität und Relevanz. Stellen Sie immer den Neuigkeitswert in den Vordergrund und vergessen Sie niemals, die Relevanz des Themas für den jeweiligen Ansprechpartner hervorzuheben!

Mithilfe des Pre-Outreach bekommen Sie ein Gefühl für Ihr Gegenüber und damit auch ein Gefühl dafür, wie Ihre Content-Kampagne am Ende verlaufen wird. In der Literaturbranche bedient man sich schon sehr lange eines vergleichbaren Konzepts: Lange vor dem offiziellen Veröffentlichungstermin werden Bücher an sogenannte Beta-Reader verschickt. Beta-Reader sind in den meisten Fällen Fans des Autors, aber auch Blogger und dem Genre zugeneigte Bücher-Nerds werden von Autoren (meist Debut-Autoren) gerne angesprochen. Ist das Feedback positiv, geht das Buch in den Druck und eine Advanced Reader's Copy (ARC) wird anschließend Wochen vor dem Erscheinungsdatum an Literaturkritiker, Magazine und Blogger verschickt. Die Beta-Reader fühlen sich geehrt, dass sie in den exklusiven Kreis eingeladen wurden. Auch wenn ihnen das Buch am Ende nicht gefällt, werden sich die meisten mit dem Inhalt gewissenhaft auseinandersetzen und genau auflisten, an welchen Punkten ihrer Meinung nach noch Verbesserungspotenzial besteht.

Für die Distribution von Inhalten zählt nicht die Größe des E-Mail-Verteilers. Es sollte alleine der Anspruch zählen, möglichst viele Kanäle zielgruppenspezifisch mit relevanten und attraktiven Inhalten zu bedienen.

Der gleiche Inhalt kann daher je nach Kanal unterschiedlich ausfallen. Aus ein und demselben Inhalt lassen sich viele verschiedene Derivate für die unterschiedlichen Kanäle ziehen. Ein und derselbe Inhalt kann außerdem viele verschiedene Formate ausfüllen: E-Books, Präsentationen, Studien, Whitepaper, Infografiken, Blogbeiträge oder PR-Texte.

5.5 Linkbuilding

Wie Sie in Kapitel 6, »Bereitstellung von Content für Suchmaschinen«, erfahren haben, sind Links von anderen Webseiten ein aus Sicht von Suchmaschinen wie Google wichtiges Signal für die Relevanz einer Zielseite und eines gesamten Webangebots. Hieraus ergibt sich ein klassisches Henne-Ei-Problem für alle Online-Marketer: Muss ich vor allem Links aufbauen, damit Google meinen Inhalt als relevant einstuft? Oder muss ich relevante und herausragende Inhalte schaffen, um Links zu bekommen?

Für Content-Marketer ist die Sache klar (sonst würden sie den Zusatz »Content« in ihrer Berufsbezeichnung nicht benötigen): An erster Stelle steht herausragender Content. Dieser ist die Voraussetzung für gute Links.

- Im B2B-Umfeld können dies ausnehmend pointiert geschriebene und mit Expertise gespickte Fach- und Blogbeiträge sein, die entweder von Online-Fachzeitschriften zitiert oder aufgenommen oder von anderen Bloggern verlinkt und kommentiert werden.

- Im B2C-Umfeld können sorgfältig recherchierte und grafisch aufbereitete Daten zu einem viel diskutierten Verbraucherthema ein Mittel sein, um Backlinks zu generieren.

Wer viel Mühe in das Erstellen einzigartiger Inhalte steckt, muss allerdings feststellen: Inhalte erzeugen aus sich heraus in aller Regel noch keine Links. Menschen müssen erst davon Notiz nehmen. Deshalb sind Content-Distribution und Promotion notwendig, um die Inhalte einem ausgewählten Publikum vor Augen zu führen – damit erhöht sich die Wahrscheinlichkeit für gute Nutzersignale und für Links. Und damit steigt wiederum die Wahrscheinlichkeit für Top-Rankings in Suchmaschinen.

Durch diese Erläuterungen sollte eines klar werden: Der Aufbau von Links ist ein Teilziel im Kontext höher gelagerter Marketingziele. Wenn Sie Kunden gewinnen und binden wollen, sollten Ihre Inhalte überall auftauchen, wo Ihre Zielgruppen online agieren. Ein anderer Webseiten-Betreiber, der einen Link auf Ihren Content setzt, sollte dieselben oder ähnliche Zielgruppen ansprechen wie Sie. Am wertvollsten sind Links, über die auch Nutzer auf Ihr Angebot gelangen. Das systematische Erschließen neuer Linkquellen – das sogenannte Linkbuilding – ist daher immer gleichbedeutend mit der Suche nach Synergien zwischen Ihnen und potenziellen neuen Linkpartnern.

5.5.1 Die Suche nach dem verlinkungswürdigen Asset

Laut einer Auswertung von Moz and BuzzSumo gibt es keinen Zusammenhang zwischen populären Inhalten auf der einen Seite, gemessen an der Anzahl der Social Shares, und der Anzahl von Backlinks auf der anderen Seite. Was die Studie herausfand, war, dass der Großteil von Inhalten einfach ignoriert wird, wenn es um Shares und Links geht. Die Daten suggerieren, dass entweder die meisten Inhalte ungeeignet sind, um geteilt oder verlinkt zu werden, oder dass Unternehmen und Agenturen ihre Zeit damit »verschwenden«, irgendwelche Inhalte zu erzeugen, und dabei versagen, guten Content zu streuen (und damit zu stärken).

Weiter fand die Studie heraus, dass einige wenige Artikel sowohl geteilt als auch verlinkt wurden, wobei es nicht überraschend war, dass Inhalte lieber auf sozialen Kanälen geteilt werden als verlinkt. Einen Artikel auf der eigenen Facebook-Timeline zu teilen, ist ein Knopfdruck. Einen Link in einen selbst geschriebenen Artikel einzubauen, ist hingegen mit Zeit verbunden. Für die Content-Distribution heißt das: Man muss sehr viel mehr Zeit und Ressourcen darin investieren, damit Inhalte verlinkt werden, und Anreize schaffen, damit das geschieht.

- Qualität der Inhalte: Gut recherchierte Artikel oder starke Meinungsartikel, besonders jene Artikel über 1.000 Wörter Länge. Je weniger generisch ein Artikel ist, umso interessanter wird er gefunden.

- Das Format zählt: Unterhaltsame Videos werden häufiger geteilt als verlinkt und Listen-Formate haben höhere Chancen als alle anderen Formate.

Ein konkretes Beispiel aus der Bücher-Blogosphäre zeigt, wie eine gute Idee zu einem natürlichen Linkaufbau führen kann. Im Mittelpunkt steht die Begeisterung von Bücherwürmern für Top-Listen. Die Autoren des Blogs »The Broke and the Bookish« wussten ganz genau, dass sich ihre Zielgruppe für Fragen begeistern kann wie: »Welche zehn Bücher würdest Du auf eine einsame Insel mitnehmen?« Auf Basis dieser Idee planten die Macher der Seite brokeandbookish.com eine Linkbuilding-Strategie unter dem Slogan »Top Ten Tuesday«. Sie funktioniert so:

- Woche für Woche geben die »Broke and Bookish«-Blogger ein Thema für den folgenden Dienstag vor, wie etwa »Die besten Bücher zu Halloween« oder »Die zehn populärsten Autoren, von denen wir noch nie ein Buch gelesen haben«.

- Verbunden mit der Themenvorgabe rufen die »Broke and Bookish«-Autoren befreundete Bücher-Blogger dazu auf, sich eigene Gedanken zu machen und zum ausgerufenen Thema eine eigene Top-10-Liste zu erstellen. Einzige Teilnahmebedingung: ein Backlink auf die Kampagnenseite »Top Ten Tuesday«.

- Um es den teilnehmenden Bloggern einfacher zu machen, können sie ein Kampagnenlogo in ihren Blogpost integrieren, das automatisch den Backlink auf die Kampagnen-Landingpage enthält:

```
http://www.brokeandbookish.com/p/top-ten-tuesday-
other-features.html
```

Auf diese Art und Weise sind seit dem Launch der Idee in 2010 bereits über 200 »Top 10 Tuesday«-Ausgaben erfolgreich gelaufen. Die Zahl der teilnehmenden Blogger und damit die Menge an vernetztem Buch-Content mit hohem Mehrwert für Bücher-Fans ist immer weiter angestiegen. Und Broke and Bookish hat sich über die Backlinks in die Mitte dieses verlinkten Netzwerks gesetzt. Auf diese Art hat das im Vergleich zu (Buch-)Branchenriesen wie amazon.com winzige US-Portal einige sehr interessante Rankings ergattert, wie beispielsweise für die Suchphrasen »Top Ten Books this Week« und »Books to read for Halloween«.

Dieses Beispiel zeigt, wie man sich mit einfachen Mitteln an die Spitze der organischen Suche setzen kann, damit Reichweite erzeugt und sich gleichzeitig sowohl mit Kunden als auch potenziellen Influencern vernetzt. An diesem Beispiel wird klar, dass sich Linkbuilding und Content Marketing komplementieren.

Was bedeutet das für Unternehmen?

Ohne den richtigen Content bekommt man keine guten Links. Man braucht ein Asset – also etwas, das für die Zielgruppe einen gewissen Wert hat. Guter Content wird es einem Linkbuilder so viel einfacher machen, gute Links zu bekommen. Denn über eines muss man sich auch bewusst werden: Nur weil man selbst bereit wäre, Geld zu bezahlen, um einen Backlink in einem fremden Artikel oder Beitrag zu platzieren, heißt das noch lange nicht, dass der entsprechende Autor auch bereit ist, auf ein Produkt oder Unternehmen zu verlinken.

Was kann nachhaltiges Linkbuilding bewirken?

Linkbuilding steigert dauerhaft die Sichtbarkeit von Webseiten, Brands und ihren Produkten in der organischen Suche und erreicht damit langfristig und nachhaltig neue Nutzer und Zielgruppen. Es kann nachfolgende Marketing-Aktionen in Gang setzen, indem es einen frühen Schwung in die Awareness und damit in die Sichtbarkeit bringt.

Auch bereits vorhandenem (und längst vergessenem) Content kann mithilfe von Linkbuilding zu neuer »Blüte« verholfen werden. Wir können uns Inhalte wie eine Blumenzwiebel vorstellen und Links wie Sonnenstrahlen im Frühling, die eine Zwiebel dazu antreiben, in voller Pracht aufzublühen.

Linkbuilding ist leider zu oft ein fehlender Bestandteil in Content-Marketing-Kampagnen, die versagen. Wer Ressourcen für Content Marketing aufwendet, sollte zusätzliches Budget für die Akquise von Links bereitstellen.

5.5.2 Anatomie eines perfekten Backlinks

Was macht einen guten Backlink auf das eigene Webangebot aus? Seit dem Google Penguin Update schaut sich Google Links ganz genau an, bevor es bestimmt, wie viel »Autorität« durch den Link vererbt wird. Was gibt es zu beachten?

1. **Source Authority**

   Je mehr »Autorität« eine Seite aus Sicht von Google hat, umso höher wird auch der Wert, den der Link bekommt. Ein Link von einer nicht vertrauenswürdigen Seite ist nicht nur wertlos, sondern kann sogar gefährlich für die eigene Reputation (bei der Suchmaschine) werden. Der Verlust der Sichtbarkeit kann die Folge sein.

2. **Content Value**

   Die Qualität des Inhalts, in dem der Link eingebettet ist, spielt eine enorm wichtige Rolle. Ist zum Beispiel ein Artikel gut recherchiert und enthält wertvolle Informationen? Hat er einen Mehrwert für den Leser?

3. **Anchor-Text**

   Beim Anchor-Text handelt es sich um den meist farblich hervorgehobenen, klickbaren Text eines Hyperlinks. Als Linkbuilder sollte man beim Linkaufbau unbedingt darauf achten, die Ankertexte nach Möglichkeit zu variieren und dabei keine kommerziellen Keywords zu verwenden. Stattdessen sollten die Anchor-Texte allgemein gehalten und auf simple Stichwörter oder Sätze beschränkt bleiben, die den Inhalt des Links genauer beschreiben. Wer Links in Online-Beiträgen platziert, sollte sich an der natürlichen Sprache bzw. am journalistischen Schreibstil orientieren. Ein Link soll so natürlich wie möglich aussehen.

4. **Kontext**

   Der Link sollte sich in den inhaltlichen Kontext natürlich einfügen und für den Leser hilfreich sein.

In der Regel richten alle Arten von Links, die schnell, mühelos und massenhaft aufgebaut werden können, mehr Schaden an, als dass sie Nutzen stiften. Auf Kommentarspam in Blogs und Foren, Webverzeichnissen und Artikelverzeichnissen sollte man daher beim Linkaufbau lieber verzichten. Stattdessen gilt auch hier die Regel: Qualität vor Quantität. Ausgewählte Webseiten und Blogs, Artikel mit Themenbezug zum Link-Ziel und Inhalte mit Mehrwert für den Leser führen nachhaltig zu mehr Traffic und besseren Rankings.

5.5.3 Tipps für den Linkaufbau

1. Auswahl von Webseiten

Die Webseite sollte in Bezug zum eigenen Brand stehen, aber gleichzeitig ein konkretes Publikum bedienen, das Sie über »Owned Media« möglicherweise nicht erreichen. Beispiel: Für einen Online-Shop für Tierbedarf kommen als Partnermedien etwa Mami-Blogs (Der Familienhund), Mode-Blogs (Der Hund als Teil des individuellen Stils) oder auch Corporate Blogs (Bürohund-Knigge) in Frage. Gefühlt ein Viertel aller Agenturen und Start-ups in Deutschland hat mindestens einen Hund, der sogar prominent auf der Webseite vorgestellt wird.

2. Natürliches Linkprofil

Ein diversifiziertes Linkprofil ist ein gutes Linkprofil. Das bedeutet: unterschiedliche Linkquellen, unterschiedliche Linkziele, unterschiedliche Ankertexte.

3. Nachhaltiger Linkaufbau

Auch wenn es verlockend ist, gleich 20 Gastbeiträge zu platzieren oder die Bemühungen zu verdoppeln, sollten Sie lieber darauf verzichten. Qualität sollte immer an oberster Stelle stehen. Lieber weniger Links aufbauen, aber dafür von hochwertigeren Quellen.

4. Promotion von Inhalten

Je sichtbarer der Content platziert wird, umso wertiger ist er. Gastbeiträge können Sie daher durchaus auch über die eigenen Social-Media-Kanäle promoten. Je mehr Sie sich um den Aufbau der eigenen Social-Media-Kanäle bemühen, umso mehr Kosten können Sie hier bei der Promotion sparen.

Mit guten Gastbeiträgen können Sie die eigene Marke aufbauen, sich als Experte positionieren und sowohl in den Augen der Zielgruppe als auch der Suchmaschine an »Reputation« gewinnen. Wer dranbleibt und kontinuierlich Beiträge platzieren kann, generiert Backlinks und damit verbunden neuen Traffic.

Fazit

Zur Off-Page-Optimierung durch Linkbuilding gehört eine gut geplante und noch akribischer durchgeführte Distributionsstrategie. Mag es eine noch so technische Beschreibung sein, eigentlich geht es trotz aller SEO-Anglizismen nur um eines: dauerhafte Verbindungen aufzubauen. Das beste Mittel dazu sind nicht E-Mail-Templates und Linkbroker, sondern die gute alte (persönliche) Medien-Kommunikation als »Public & Media Relations«, denn die Suchmaschine ist kein Käufer meines Produkts, sondern der Mensch ist es, und ein Online-Portal ist nicht einfach nur ein Portal, sondern setzt sich aus Menschen zusammen, die es betreiben.

6

Bereitstellung von Content für Suchmaschinen

6.1 Relevanz aus Sicht einer Suchmaschine

In Kapitel 2, »Content-Marketing-Strategie«, haben Sie erfahren, dass eine klare Zielsetzung und eine Orientierung an den Bedürfnissen Ihrer Zielgruppen für den Erfolg wesentlich sind. Ebenso wichtig ist es aber, die Inhalte technisch optimal für Suchmaschinen bereitzustellen. Wer Content Marketing erfolgreich gestalten will, sollte auch über Grundlagen der Suchmaschinenoptimierung (SEO) Bescheid wissen. Schließlich bietet der Kanal »Suche« großes Potenzial: Für sehr viele kommerzielle Webseiten ist er der wichtigste Kanal, um Nutzer auf das eigene Angebot zu lenken.

Den technischen Rahmen für die Web-Suche gestalten die Suchmaschinenbetreiber. Sie entwickeln ständig verfeinerte Methoden, um relevante Treffer aus immer mehr Webseiten und weiteren digitalen Angeboten herausfiltern zu können. Die aus Sicht der Suchmaschine relevantesten Ergebnisse auf eine Suchanfrage werden prominent auf den Suchergebnisseiten oder auch »SERPs« dargestellt. Die Abkürzung SERP steht hierbei für »Search Engine Result Page«. Die Positionierung von Inhalten auf Suchergebnisseiten wird auch als »Ranking« bezeichnet.

Algorithmen filtern Inhalte nach Relevanz

Um Rankings zu erstellen, arbeiten Suchmaschinen mit speziellen Algorithmen. Einen Algorithmus können Sie sich wie ein mehrschichtiges Filtersystem vorstellen, wobei jede einzelne Filterstufe beeinflusst, welches Suchergebnis für welche Suchanfrage ausgegeben wird. Auch wenn die Rankingalgorithmen je nach Suchsystem variieren, so eint sie alle das gleiche Ziel: dem Nutzer auf seine Suche das bestmögliche (d.h. relevanteste) Ergebnis auszuliefern.

Das Ziel des Content-Anbieters ist ebenfalls über alle Systeme identisch: mit seinen Inhalten bei Suchen der relevanten Zielgruppe die bestmöglichen Rankings zu erreichen. Während also der Suchmaschinenbetreiber die Regeln vorgibt, wie Relevanz bewertet wird, ist der Content-Gestalter darum bemüht, seinen Content möglichst genau auf die Intention des Suchenden auszurichten.

Das allein ist schon Herausforderung genug. Aber die Optimierung von Inhalten für Suchmaschinen ist noch etwas komplizierter. Denn wie viel Ranking-Potenzial für einen bestimmten Inhalt es gibt, der auf einer einzelnen URL platziert ist, hängt zu einem großen Teil auch von der Struktur der gesamten Webseite ab. Und über bestimmte Elemente im (HTML-)Code ist es möglich, der Suchmaschine zu vermitteln, was der inhaltliche Fokus einer URL ist.

Zusammenfassend lässt sich also konstatieren: Damit Content in Suchmaschinenrankings sichtbar werden kann, fließen viele Optimierungsschritte zusammen. Dabei spielen On-Page-Faktoren, also Dinge, die auf der eigenen Webseite passieren, eine herausragende Rolle. Drei Faktoren sind besonders wichtig:

1. Die Relevanz der Inhalte für suchende Nutzer
2. Die Architektur, interne Verlinkung und technische Qualität des Webangebots
3. Die HTML-Quellcode-Optimierung jeder einzelnen URL

Über diese Einflüsse hinaus sind auch Off-Page-Faktoren zu berücksichtigen, wie beispielsweise Backlinks. In diesem Kapitel liegt der Fokus jedoch auf den On-Page-Faktoren. Hinweise auf Methoden, um Backlinks zu generieren, liefert Kapitel 5, »Content-Distribution«.

Evolution des Google-Suchalgorithmus

Schauen wir uns einmal an, was der Betreiber der in Deutschland populärsten Suchmaschine Google in den vergangenen Jahren und Monaten getan hat. Denn durch Updates, die Google seinem Suchalgorithmus einverleibt, verändert sich die Art, wie Inhalte im Web erstellt und gedacht werden.

Google hat für größere Änderungen seines Algorithmus verschiedene Tiernamen. Drei Tiernamen (und damit bezeichnete Updates), die sich jeder Content-Marketer merken sollte, sind **Panda**, **Penguin** und **Hummingbird**.

■ Das **Panda-Update** richtet sich primär gegen Webseiten mit einer geringen Menge an originären Inhalten (unique content). Verschiedene Faktoren können dazu dienen, solche Inhalte zu verifizieren, wie etwa wenig Text, viel Werbung, viele doppelt vorhandene Inhalte oder wenige qualitativ hochwertige Backlinks.

- Das **Penguin-Update** richtet sich speziell gegen einige Praktiken, um hohe Rankings auf Suchergebnisseiten zu erzielen, die Google als wettbewerbsverzerrend einstuft. Hierzu gehören der Aufbau eines unnatürlichen Linkprofils sowie eine unnatürliche Häufung von Keywords.

- Das **Hummingbird-Update** gilt als eines der wichtigsten der vergangenen Jahre. Google bezeichnet damit die verbesserte Fähigkeit seiner Maschine, nicht nur einzelne Wörter in Suchanfragen identifizieren zu können, sondern Suchphrasen und ganze Sätze in ihrem Bedeutungszusammenhang zu erkennen und Suchergebnisse dementsprechend auszuspielen.

Alle drei Algorithmus-Updates arbeiten zusammen. Insgesamt bewirken sie, dass gute Positionen bzw. Rankings auf Google-Suchergebnisseiten immer enger mit hochwertigem, einzigartigem Content in Verbindung stehen, der nicht nur einzelne Keywords einer Suchanfrage enthält, sondern eine möglichst ganzheitliche und zutreffende Antwort auf die Suchintention bietet, die mit der Suchanfrage zum Ausdruck gebracht wird.

Mit der wachsenden Popularität von mobilen, internetfähigen Endgeräten wuchs der Stellenwert der Optimierung von Webseiten oder Inhalten für mobile Clients an. Heute versteht man unter einer On-Page-Optimierung nicht nur die Optimierung einer Webseite und ihrer Inhalte für Suchsysteme, sondern auch für die Darstellung von Inhalten auf mobilen Endgeräten.

Hinweis zum praktischen Umgang mit diesem Kapitel

Die in diesem Kapitel erwähnten Punkte liefern einen Einblick in tiefer greifendes Wissen zu den technischen Anforderungen eines Web-Angebots.

Ein Content-Marketing-Verantwortlicher sollte über diese Punkte Bescheid wissen, um sie in der Praxis adressieren und die Verantwortlichen steuern zu können. Für die Umsetzung der genannten Punkte sind in der Regel SEO-Redakteure, SEO-Verantwortliche mit der Ausrichtung »technisches SEO« sowie IT-Verantwortliche zuständig. Die Inhalte in diesem Kapitel sind daher häufiger in Form von Listen gestaltet, die der Content-Marketer mit den SEO- und IT-Verantwortlichen durchgehen kann, um sicherzustellen, dass diese technischen Voraussetzungen erfüllt werden. Sie dienen daher vor allem als Checkliste zur gemeinsamen Besprechung und weniger als To-Dos für den Content-Marketer.

6.2 On-Page-Optimierung einer Webseite

Wir widmen uns zunächst der technischen Optimierung von Inhalten auf der eigenen Website. Die On-Page-Optimierung kann man in fünf Phasen einteilen:

- Keyword-Recherche und -Analyse
- HTML-Quellcodes
- Architektur und interne Verlinkung
- Server-Optimierung und Page Speed
- Text-Optimierung

Auch wenn sich das Kapitel primär auf die Suchmaschine Google bezieht, so sind die Maßnahmen grundsätzlich auf alle großen Suchmaschinen anwendbar.

6.2.1 Keyword-Recherche und -Analyse

Das Ziel einer On-Page-Optimierung ist es, das Ranking einer Seite auf relevante Suchanfragen zu verbessern. Eine wesentliche Grundlage hierfür ist, dass Inhalte zu diesen Suchanfragen (d.h. Keywords) existieren.

Recherche

Bevor Sie mit der technischen Optimierung starten, müssen Sie zuerst relevante Suchanfragen recherchieren. Dies geschieht im Rahmen einer Keyword-Recherche. Mithilfe von Software wie dem Google Keyword Planner[1] können Sie für ein Suchwort oder eine URL unterschiedliche Keyword-Vorschläge recherchieren. Diese Vorschläge können Sie mit weiteren Datenquellen ergänzen:

- Suchvorschläge
  (Google, YouTube, Amazon, App-Store, Bing Suggests)
- Verwandte oder ähnliche Suchen
  (Google-Suchergebnisseite, Searchmetrics)
- Suchanfragebericht (Google AdWords)
- Suchanalyse (Google Search Console)
- Interne Suche und Suchanfragen
- Nachrichten (Google News)
- Populäre Suchen und Themen in Social Media
- Trends (Google Trends)

Die wichtigsten Metriken für die Bewertung von Themen sind neben dem exakten, lokalen Suchvolumen auch die Opportunitätskosten zu einer Bewerbung über SEA (AdWords CPC) sowie der Content-Wettbewerb.

Cluster

Ähnliche Suchanfragen können Sie zu einem Cluster zusammenfassen (d.h. Keyword Cluster), das dann ein Thema repräsentieren soll. Weitere Möglichkeiten, Keywords zu gruppieren, sind unter anderem nach:

- Suchintention
  (Informational, Navigational, Transactional Keywords)
- Keywordtyp (Shorttail oder Longtail)

---

1 https://adwords.google.de/keywordplanner

- Seitenbereich (URL oder Seitenbereich)
- passendem Content-Format
  (z.B. Ratgeber, Shop oder Marketing-Landingpage)
- Marketingziel (Akquisition oder Bindung)
- AIDA-Phase (Awareness, Interest, Desire, Action)
- Saisonalität (Evergreen, Saison, Event)
- Trend (abnehmender/zunehmender Suchtrend)
- Distribution (paid, owned oder earned channels)

Hinweis: Keyword Cluster

Das Ziel des Keyword Clusterings ist das Management einzelner Suchwörter. Das Clustering erfolgt sowohl mit Themenbezug (z.B. Wortstamm) als auch themenübergreifend (z.B. nach Marketing-ziel).

Wenn man Analysen über die Erreichung von Marketing-Zielen (hier z.B. Reichweite über Suchmaschinen/Rankings, positive Nutzersignale auf der eigenen Seite oder Conversions über Thema/URL) durchführt, ist es leichter, Keyword Cluster zu analysieren als einzelne Wörter.

Zuordnung/Mapping

Sobald Sie nun Thema und entsprechende Suchanfragen kennen, sollten Sie diese den Seitenbereichen zuordnen. Hier unterscheiden Sie, ob ein bestehender Seitenbereich bereits existiert oder ob er neu zu schaffen ist.

Eine Webseite sollte ein Thema in der erforderlichen Breite und Tiefe abdecken. Ein Dokument kann auf mehrere Suchanfragen optimiert sein und auf mehrere Keywords ranken. Hierfür ist aber wichtig, dass ein Dokument inhaltlich nicht zu breit angelegt ist und stattdessen mit Unterseiten gearbeitet wird.

Die Entscheidung zwischen einer inhaltlich breiten und tiefen Seite oder mehreren Unterseiten muss von Fall zu Fall anhand des eigenen Produkt- und Content-Angebots geprüft werden.

Bei bereits existierenden Seitenbereichen sollten Sie den Keyword-Fokus prüfen und ob nach einer Erweiterung der Inhalte – entsprechend der Keyword-Recherche – dieser Fokus beibehalten werden kann. Bei neuen Seiten sollte man themenübergreifend mit Content-Templates arbeiten und Dokumente ähnlich strukturieren. Content-Templates eignen sich für alle Seitentypen, aus denen sich Ihr Web-Angebot zusammensetzt. Im E-Commerce beziehen sich Templates häufig auf diese Seitentypen:

1. **Produktseite:**
   Template abgestimmt auf die Anforderung, das Produkt ins rechte Licht zu rücken und alle Informationen anschaulich und gut gegliedert einzublenden, die der Nutzer benötigt, um das Produkt und seine Leistungen zu verstehen. Zentrale Elemente sind Produktansichten, exakte Produktbeschreibungen, der Preis sowie die Verfügbarkeit.

2. **Kategorieseite:**
   Template abgestimmt auf die Anforderung, eine für die Suchanfrage relevante Produktauswahl übersichtlich, attraktiv und leicht navigierbar darzustellen. Zentrale Elemente sind tabellarisch angeordnete Produktbilder mit hilfreichen Kurzinformationen (z.B. Sale/Bestseller etc.) sowie hilfreiche Informationen zur erleichterten Produktauswahl.

3. **Ratgeberseite:**
   Template abgestimmt auf die Anforderung, unterstützende und beratende Inhalte darzustellen, die Nutzern dabei helfen, ihren Bedarf zu spezifizieren. Voreingestellte Schriftstile und -größen für Überschriften und Fließtexte, vordefinierte Rahmen für Textabschnitte, Tabellen, Bild- und Videoelemente. Gegebenenfalls Verweis auf einen Ansprechpartner und eine Service-Telefonnummer.

4. **Magazinseite:**
   Template abgestimmt auf die Anforderung, inspirierende und saisonal variierende Inhalte darzustellen. Vordefinierte Rahmen für

große und ausdrucksstarke Bildmotive, ggf. Schrift-Sonderformate für Typografie-Effekte/Text-Bild-Kombinationen. Definierte Elemente für Autoren-Informationen sowie ggf. für Produkt-Einblendungen mit Verlinkungen in einen Shop-Bereich.

6.3　Wettbewerbsanalyse

Informationen über den Content-Wettbewerb erhalten Sie über eine manuelle Prüfung der Suchergebnisseiten. Indikatoren sind hier neben der Anzahl der Suchergebnisse:

- Anzahl an bekannten Marken/großen Seiten
- Anzahl an Markensuchen in Verbindung mit dem Fokuskeyword (z.B. Autobewertung Schwacke)
- Anzahl an Startseiten/fokussierten Domains
- Anzahl an Keyword-Domains mit dem Keyword

Im Rahmen einer Detailanalyse könnten Sie noch Anzahl, Qualität und Alter eingehender Links auf die platzierten Domains oder Unterseiten, Anzahl an Social Signals sowie die Qualität des Content-Angebots der konkurrierenden Seiten untersuchen.

Hinweis: Content-Planung auf Basis der Strategie

Die Entscheidung, ob ein Thema relevant ist und welche Themen oder Suchanfragen damit zusammenhängen, sollte im Marketing und Produktmanagement getroffen werden.

Daten aus Keyword-Tools sind nur eine Entscheidungshilfe für die Kanal-Search. Inhalte nur auf Basis von Keyword-Daten ohne Marketingkonzept zu schaffen, führt zu einer schlechten Nutzererfahrung und lohnt sich wirtschaftlich nicht. Der Nutzer gelangt über eine Suchmaschine auf eine Seite, auf der seine Suchintention entweder gar nicht oder nur unzulänglich erfüllt wird.

Es ist wichtiger, Inhalte aus dem Marketing heraus zu planen, passende Inhalte oder Dokumente mithilfe einer Keyword-Analyse bestmöglich auszuzeichnen und sein Content-Angebot auf Suchende und ihre Intentionen auszurichten.

6.3.1 HTML-Quellcodes

Nachdem Themen, Inhalte und Keywords bekannt sind, müssen wir die Inhalte technisch so bereitstellen, dass Google die Seite crawlen und beim Crawling der Seite Inhalte und Relevanz der Keywords erkennen kann.

Ein HTML-Dokument besteht aus drei Teilen:

- Dokumenttyp-Deklaration:
  Angabe zur verwendeten HTML-Version
- Head:
  Angaben der HTML-Metadaten (z.B. Seitentitel, Meta-Tags, Skript- oder Style-Angaben)
- Body:
  Anzuzeigender Inhalt (z.B. Text, Überschriften, Bilder, Videos, Links)

Im Body werden die anzuzeigenden Inhalte definiert. Die Auszeichnung von Text, Bild oder Video sowie Links findet in diesem Bereich statt. Nicht jedes HTML-Tag ist für Suchmaschinen relevant oder wird für das Ranking gewertet. Dennoch kann ein Tag oder Attribut – trotz fehlender Relevanz für das Ranking – für die Darstellung der Inhalte wichtig sein.

Auch hier definiert die Suchmaschinenoptimierung nicht das Grundgerüst der Seite, es geht vielmehr um die Optimierung bestehender Seiten und Inhalte für Suchmaschinen und die Erleichterung der technischen Analyse der Seite.

Die für Suchmaschinen wichtigen HTML-Tags und ihr optimaler Einsatz werden nun beispielhaft vorgestellt:

Seitentitel

Der Seitentitel definiert nicht nur den Titel des Dokuments, er wird auch dem Nutzer auf der Suchergebnisseite und im Browserfenster angezeigt. Aus Sicht der Suchmaschine liefert der Seitentitel das Thema der Seite und wird daher bei der Analyse besonders berücksichtigt.

Jede Seite sollte einen eigenen Seitentitel besitzen, Duplikate sollte man vermeiden, um die Suchmaschine einerseits bei der Analyse nicht zu verwirren, andererseits, um ein Ranking einer falschen (Unter-)Seite zu verhindern.

In Ranking-Studien wird geäußert, dass die Position eines Keywords im Titel maßgeblichen Einfluss auf das Ranking einer Seite haben kann. Insofern ein Keyword im Seitentitel relativ weit vorne genannt wird, ist es relativ gesehen wichtiger als ein Keyword an einer hinteren Stelle im Title-Tag.[2] Bei der Optimierung der Seitentitel sollte man folglich nicht nur auf die Keyword-Nutzung achten, sondern auch auf die Position eines Keywords und die Ähnlichkeit mit den Titeln anderer Seiten.

Meta Description

Die Meta Description hat keinen direkten Einfluss auf das Ranking einer Seite. Da sie jedoch auf der Suchergebnisseite gemeinsam mit der URL und dem Seitentitel dargestellt wird, sollte sie klickattraktiv formuliert sein.

Insofern Keywords der Meta Description mit der Suchanfrage übereinstimmen, werden sie auf der Suchergebnisseite gefettet. Google stellt nicht zwingend die definierte Beschreibung dar, sondern passt den Text an die tatsächliche Suchanfrage bzw. an den zur Suchanfrage passenden Seiteninhalt an.

---

2 `http://www.searchmetrics.com/de/knowledge-base/ranking-faktoren/`

Verzichtet man auf eine Beschreibung, stellt Google entweder die Informationen aus dem DMOZ (http://www.dmoz.org) oder die ersten lesbaren Zeichen des Bodys dar. Da man beides nur schwer steuern kann, sollte man die Snippets für die Klickrate auf Suchergebnisseiten entsprechend optimieren.

URL-Pfad

Der URL-Pfad einer Unterseite sollte idealerweise sprechend, also ohne Sonderzeichen, Zahlen oder Parameter, dargestellt werden. Google ist zwar in der Lage, eine URL mit Parametern eindeutig zu erkennen, allerdings ergeben sich durch die Nutzung von Parametern oder Sonderzeichen Risiken hinsichtlich Duplicate Content oder Serverfehlern bei der Auslieferung von Webseiten.

Nutzen Sie Keywords in der URL, werden sie in den Suchergebnissen gefettet, falls die Suchanfrage diesem Keyword in der URL entspricht. Um das URL-Layout lesbar zu gestalten, ersetzt man Groß- durch Kleinbuchstaben und schreibt Umlaute um. Leerzeichen oder Stoppwörter sollten Sie mit Bindestrichen ersetzen und auf Sonderzeichen verzichten.

Rich Snippets

Rich Snippets sind Suchergebnisse, bei denen neben dem Titel, der Beschreibung und der URL ergänzende Informationen dargestellt werden. Beispiele sind unter anderem Bewertungssterne, Preise, Breadcrumbs, Autoren- oder Eventinformationen.

Diese Information stammt aus strukturierten Daten, die Webmaster über ein Markup an Suchmaschinencrawler übergeben. Unterstützte Markup-Formate sind Mikrodaten, Mikroformate oder RDFa[3]. Insofern man keinen Zugriff auf den Quellcode einer Seite hat, kann man mithilfe des Tools »Data Highlighter«[4] in der Search Console entspre-

---

3   https://developers.google.com/search/docs/guides/intro-
    structured-data
4   https://support.google.com/webmasters/answer/2692911?hl=de

chende Informationen und Datenquellen auszeichnen. Dies geschieht, indem man Datenfelder auf der Website mit der Maus markiert und taggt.

Webmaster haben so die Möglichkeit, das Layout der eigenen Snippets zu optimieren und die CTR auf sein Suchergebnis zu verbessern.[5] Es gibt zahlreiche weitere Möglichkeiten, seine Inhalte mit strukturierten Daten zu versehen, nicht alle werden jedoch im Snippet dargestellt. Sobald das Markup hinzugefügt wurde, werden die Snippets algorithmisch generiert.

Das Ziel der Suchmaschine ist, Suchenden mithilfe der ergänzenden Informationen auf der Suche nach dem richtigen Ergebnis oder der Information zu helfen.

Hinweis: Über Rich Snippets entscheidet Google

Ob und in welchem Umfang Google Rich Snippets für eine Seite darstellt, entscheidet die Suchmaschine. Insofern Sie falsche oder widersprüchliche Informationen übermitteln, können Sie die Snippet-Erweiterungen auch wieder verlieren.[6]

Google bietet ein eigenes Tool an, mit dem Sie den Umfang und die Qualität des Codes überprüfen können, das Rich Snippet Testing Tool[7].

Open Graph Tags

Mithilfe des Open-Graph-Protokolls können Sie die Darstellung der Snippets in sozialen Netzwerken beeinflussen. Die sogenannten og:tags ermöglichen die Pflege von Seitentitel, Beschreibung, Vorschaubild, Content-Typ oder URL und werden im <head>-Bereich des HTML-Quellcodes platziert.

---

5 http://blog.searchmetrics.com/de/2012/11/12/seo-basics-klickraten-ctr-und-rich-snippets/

6 https://support.google.com/webmasters/answer/2650907?hl=de

7 https://search.google.com/structured-data/testing-tool?hl=de

Die wichtigsten og:tags sind:[8]

- `og:title`: Seitentitel bzw. Titel des Snippets
- `og:type`: Content-Typ – normalerweise Blog, Artikel, Webseite oder ein Medientyp
- `og.description`: Beschreibungs-/Vorschautext
- `og:image`: Vorschaubild
- `og:url`: permanente URL des Dokuments oder Canonical-Ziel der Seite

Spezielle Meta-Angaben wie Twitter Cards sind mit dem Open-Graph-Protokoll kompatibel und können ohne Bedenken im Rahmen der Snippet-Optimierung für die Plattform Twitter genutzt werden.[9]

Diese Felder kann man für soziale Netzwerke abweichend vom Seitentitel oder der Meta Description definieren und auf die CTR in Social Media optimieren. Verzichten Sie auf die Pflege, so riskieren Sie, dass im Snippet entweder kein Bild oder ein falsches bzw. nicht optimiertes Bild dargestellt wird. Bei der Wahl des Bildes müssen Sie sich an den Vorgaben der sozialen Netzwerke orientieren. Die Plattform Facebook bietet hierfür ein Online-Tool an, mit dem man den Code validieren kann.[10]

Snippet-Optimierung

Die Klickrate auf Suchergebnisseiten wird von Suchmaschinen als ein Indikator für Qualität und Relevanz eines Suchergebnisses gewertet. Sind eigene Klickraten in Relation zum Wettbewerb eher schlecht (d.h. niedrig), so wertet die Suchmaschine dies als negatives Nutzerfeedback. Da Google das Interesse verfolgt, seinen Nutzern stets die besten und relevantesten Suchtreffer zu liefern, wirkt sich dieses negative Userfeedback in der langen Frist negativ für das Ranking der eigenen Seite auf den betreffenden Suchbegriff aus.

---

8   http://ogp.me/
9   https://de.onpage.org/wiki/Twitter_Cards
10 https://developers.facebook.com/tools/debug/

Ein dauerhaftes und wichtiges Projekt im Content Marketing ist folglich die Optimierung der eigenen Snippets. Mithilfe der Auswertung »Suchanalyse« in der Search Console kann man URLs und Keywords mit schlechten Klickraten identifizieren. Man erhält für URLs und Keywords die Anzahl an Impressions und die Anzahl der Klicks. Der Quotient ist dann die Klickrate (Clickthrough Rate). Ursachen für schlechte Klickraten sind entweder die »falschen« Rankings, unpassende oder nicht gepflegte Snippets, Rankings auf schlechteren Positionen oder eine starke Konkurrenz im direkten Umfeld.

Bei der Analyse müssen Sie jedoch beachten, dass die Metriken für alle sichtbaren Ergebnisse errechnet werden. Google selbst liefert hierfür das Beispiel in Abbildung 6.1.

Google-Suchergebnisse	Nach Website zusammengefasste Messwerte	Nach Seite zusammengefasste Messwerte
1. www.zoohandlung.ihrebeispielurl.de/affen 2. www.zoohandlung.ihrebeispielurl.de/ponys 3. www.zoohandlung.ihrebeispielurl.de/einhoerner	**Klickrate: 100 %** Alle Klicks für eine Website werden kombiniert.	**Klickrate: 33 %** 3 Seiten angezeigt, 1/3 Klicks für jede Seite
	Durchschnittliche Position: 1 Höchste Position von der Website in den Ergebnissen	**Durchschnittliche Position: 2** (1 + 2 + 3) / 3 = 2

Abb. 6.1: Zählsystem Google Search Console (Screenshot)[11]

Bei der Pflege der Snippets können Sie an drei Stellen ansetzen:

- Seitentitel
- Meta Description
- URL

Dazu bieten sich Chancen über den Einsatz von Rich Snippets.

Sind Seitentitel oder Meta Descriptions zu lang, werden sie ab einer bestimmten Zeichen- bzw. Pixelzahl abgeschnitten. Darüber hinaus variiert die Länge der Seitentitel auf den mobilen Suchergebnissen.

---

11 https://support.google.com/webmasters/answer/6155685#urlorsite

Im Mai 2016 hat Google ein neues Layout der Suchergebnisseite mit einem größeren Bereich für die organischen Ergebnisse getestet.[12] Somit sind neuerdings längere Beschreibungen und Seitentitel möglich. Je nach Layout der Suchergebnisseite liegen nun die Beschränkungen für Google Desktop Search in etwa bei 920 Pixeln (ca. 155 Zeichen) für die Meta Description und 580 Pixeln (ca. 55 Zeichen) beim Seitentitel.

Idealerweise testen und analysieren Sie jedes (relevante) Google-Snippet nach erfolgter Indexierung mit der Site-Abfrage oder spezialisierten Vorschau-Tools.[13]

Sitelinks

Für bestimmte Seiten und Suchergebnisse stellt Google sogenannte Sitelinks dar. Sitelinks sind zusätzliche Links pro Domain, die je nach Suchanfrage passend ausgeliefert werden. Google ermittelt die Sitelinks automatisch beim Crawling und der Analyse einer Domain. Da die Berechnung von Sitelinks algorithmisch passiert, können immer wieder irrelevante Sitelinks generiert werden.

Webmaster haben seit Oktober 2016 keine Möglichkeit mehr, Sitelinks in der Search Console zu deaktivieren.[14]

Im Screenshot-Beispiel in Abbildung 6.2 wird für die Suchanfrage »Süddeutsche« bei Google Deutschland ein Artikel der Subdomain `http://sz-magazin.sueddeutsche.de` mit dem Sitelink »Klotellas Riesenfurz« eingeblendet. Es gibt zahlreiche URLs, die intern besser verlinkt und/oder zur Suchanfrage »Süddeutsche« relevanter wären. Dennoch stellt Google dieses Suchergebnis dar.

Im Beispiel in Abbildung 6.2 zeigt Google für die Markensuche unter der Startseite sueddeutsche.de eine separate Suchbox an. In dieser Box können Nutzer auf der Domain sueddeutsche.de gezielt nach Themen

---

12 `http://www.thesempost.com/google-increases-width-main-search-results-column/`
13 `https://moz.com/blog/new-title-tag-guidelines-preview-tool`
14 `http://searchengineland.com/google-search-console-removes-sitelinks-demotion-feature-261002`

und Inhalten suchen. Webmaster haben die Möglichkeit, mithilfe von strukturierten Daten dieses Feld an die interne Suche anzubinden.[15]

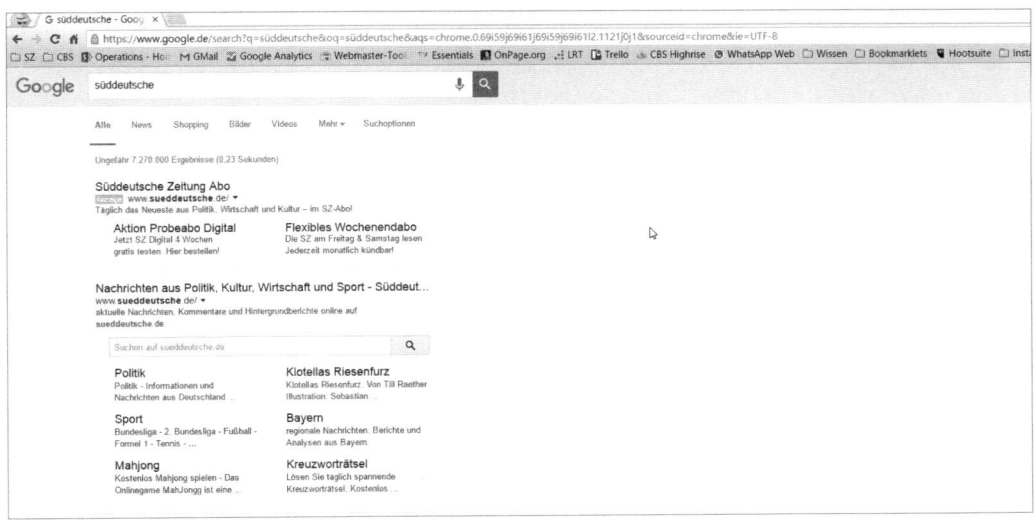

Abb. 6.2: Sitelinks Süddeutsche Zeitung (Screenshot)

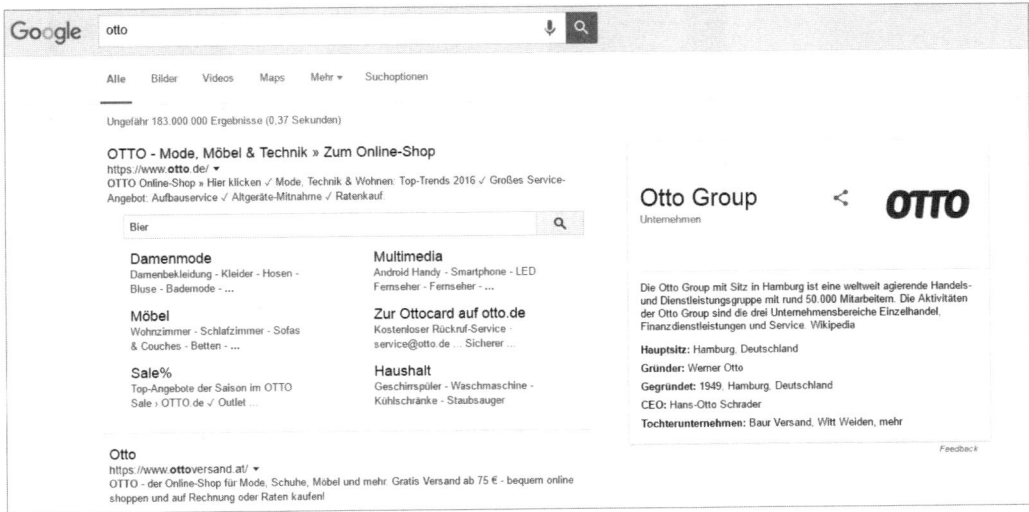

Abb. 6.3: Google Sitelinks Search Box Otto.de (Screenshot)

---

15 https://developers.google.com/search/docs/data-types/sitelinks-searchbox

Die Suchergebnisseite ist dann die Seite der internen Suche. Dieses Feature bietet Google für Webseiten und Android-App an.[16]

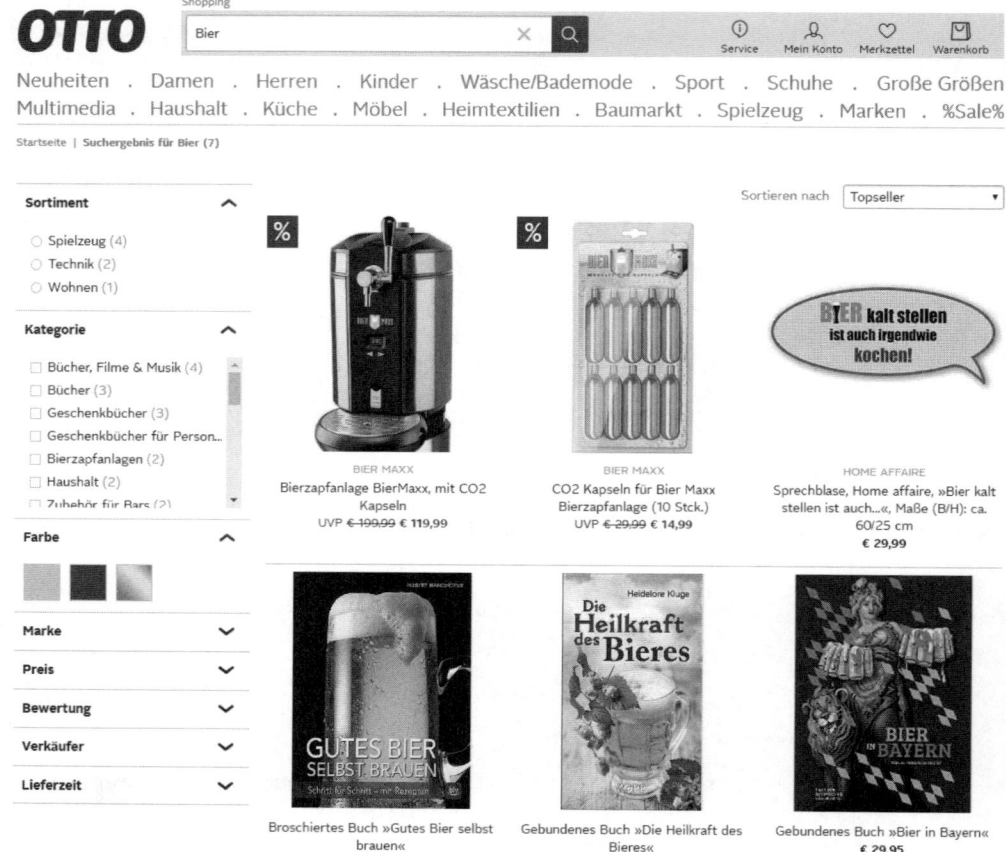

Abb. 6.4: Suchergebnisseite Otto.de (Screenshot)

Verzichtet man auf eine Anbindung, so führt Google selbst die Suche aus. Das Suchergebnis entspricht dann dem einer Site-Abfrage mit Eingrenzung auf das Keyword.

---

16 https://developers.google.com/search/docs/guides/enhance-site#to-set-up-a-sitelinks-searchbox

Möchte man keine Suchbox unter seinem Snippet erhalten, kann man dies mit folgendem Meta-Tag im `<head>`-Bereich des Quellcodes unterbinden:

```
<meta name="google" content="nositelinkssearchbox" />
```

Crawler-Steuerung

Webmaster haben unterschiedliche Möglichkeiten, die Analyse (d.h. das Crawling) und die Indexierung von Webseiten zu steuern. Da Google Webseiten mit einem beschränkten Crawlingbudget analysiert, sollten Sie die Analyse gezielt steuern.

Seitenbereiche, in denen Google entweder keine relevanten Informationen findet oder wo der Erkenntnisgewinn in Relation zum Aufwand marginal ist (sog. Thin Content, also ähnliche Inhalte sowie URLs mit ähnlichen oder wenigen Inhalten), sollten Sie für Google komplett sperren. Am einfachsten ist hier der Einsatz der robots.txt und die Angabe der gesperrten URLs, Subdomains oder Verzeichnisse.

Möchte Sie die Indexierung eines Dokuments oder Seitentyps verhindern, die Seite aber dennoch analysieren lassen, so nutzen Sie das Meta-Robots-Tag mit der Angabe `noindex`:

```
<meta name="robots" content="noindex">
```

Insofern man keinen Zugriff auf den Quellcode einer Seite hat, könnte man die Auszeichnung auch als Element der HTTP-Header-Antwort über das X-Robots-Tag verhindern.[17]

Insofern ein Dokument ein Duplikat oder eine fast identische Kopie einer bestehenden Seite ist, empfiehlt Google den Einsatz des Canonical-Tags. Das Tag zeigt Google die URL des Originals an und hilft bei der Vermeidung von Duplicate Content.

---

17 https://developers.google.com/webmasters/control-crawl-index/docs/robots_meta_tag?hl=de#gltige-indexierungs--und-bereitstellungsanweisungen

Wird der Inhalt domainextern dupliziert, so setzt man das Tag domain-übergreifend ein. Google wertet Duplicate Content negativ und straft Domains mit hohem Anteil an Duplikaten ab. Als Standardwert sollte eine URL sich selbst referenzieren (sog. Self Canonical). Das Canonical-Tag kann auch über den HTTP-Header übermittelt werden.

Eine Produktseite verwendet je nach Sitzung und Sucheinstellungen des Nutzers **dynamische URLs**.	`https://www.example.com/products?category=dresses&color=green`
	
	`https://example.com/dresses/cocktail?gclid=ABCD`
	
	`https://www.example.com/dresses/green/greendress.html`

Ihr Blogsystem speichert automatisch **mehrere URLs**, wenn Sie denselben Beitrag unter mehreren Bereichen einordnen.	`https://blog.example.com/dresses/green-dresses-are-awesome/`
	
	`https://blog.example.com/green-things/green-dresses-are-awesome/`

Ihr Server ist so konfiguriert, dass **unter der www-Subdomain und dem http-Protokoll derselbe Inhalt** geliefert wird.	`http://example.com/green-dresses`
	
	`https://example.com/green-dresses`
	
	`http://www.example.com/green-dresses`

Inhalte, die Sie in diesem Blog zur **Syndikation** für andere Websites bereitstellen, werden unter diesen Domains teilweise oder vollständig repliziert.	`https://news.example.com/green-dresses-for-every-day-155672.html` (syndizierter Beitrag) `https://blog.example.com/dresses/green-dresses-are-awesome/3245/` (ursprünglicher Beitrag)

Abb. 6.5: Seitenvarianten und Canonical-Tags (Screenshot)[18]

GEO Targeting

Existieren für eine URL mehrere Sprachversionen, sollten Sie Google die jeweils regional relevanten Versionen anzeigen. Mithilfe des `hreflang`-Tags können Sie für ein Dokument sowohl den Sprachraum als auch das Land definieren. Die regionale Ausrichtung hilft der Suchmaschine bei der korrekten geografischen Zuordnung eines Inhalts. Bei der Implementierung müssen Sie alle Sprachvarianten

---

18 `https://support.google.com/webmasters/answer/139066?hl=de`

inklusive einer allgemeinen, nicht geografisch bestimmten Variante und die eigene Sprachversion angeben.[19]

Die Implementierung erfolgt über das HTML, über den HTTP-Header oder über eine Sitemap. Die Sprache wird hierbei im Format ISO639-1 und die Region im Format ISO3166-1 Alpha 2[20] angegeben.

- **HTML-Link-Element im Header:** Fügen Sie im HTML-Abschnitt <head> von http://www.example.com/ ein Link-Element hinzu, das auf die spanische Version der Webseite unter http://es.example.com/ verweist. Das sieht dann so aus:

  `<link rel="alternate" hreflang="es" href="http://es.example.com/" />`

- **HTTP-Header:** Falls Sie Dateien veröffentlichen, die nicht im HTML-Format, sondern zum Beispiel als PDF gespeichert sind, können Sie einen HTTP-Header verwenden, um eine alternative Sprachversion einer URL anzugeben:

  `Link: <http://es.example.com/>; rel="alternate"; hreflang="es"`

  Um mehrere hreflang-Werte im Link-HTTP-Header anzugeben, trennen Sie die Werte wie folgt durch Kommas:

  `Link: <http://es.example.com/>; rel="alternate"; hreflang="es",<http://de.example.com/>; rel="alternate"; hreflang="de"`

- **Sitemap:** Statt mittels Markup können Sie Informationen über Sprachversionen in einer Sitemap einreichen.

Abb. 6.6: `hreflang`-Implementierungsvarianten (Screenshot)[21]

Strukturierung der Inhalte mit Überschriften

Damit Dokumente und ihre Inhalte effizient und korrekt von Suchmaschinen analysiert werden können, sollten Sie mit Überschriften arbeiten. Jede Webseite benötigt eine Überschrift erster Ordnung (h1-Überschrift) und je nach Inhalten und Umfang Unterüberschriften (h2-, h3-, h4-, h5- oder h6-Überschrift).

Gerade dann, wenn ein Dokument mehrere Aspekte eines Themas abdeckt, helfen Überschriften bei der Zuordnung und Abgrenzung von Inhalten. Die für das Dokument relevanten Keywords sollten Sie

---

19 `https://www.sistrix.de/hreflang-guide/`
20 `https://en.wikipedia.org/wiki/ISO_3166-1_alpha-2`
21 `https://support.google.com/webmasters/answer/189077?hl=de`

in der Überschrift entsprechend platzieren, wobei Sie stets auf die Lesbarkeit (Content Usability) des Dokuments achten sollten.

Ebenso sollten Sie die h1-Überschrift nur einmalig verwenden und andere Unterüberschriften mithilfe von CSS entsprechend der Nutzerführung skalieren.

Bilder und Grafiken

Wenn Sie Bilder und Grafiken einsetzen, so sollten Sie Suchmaschinen mithilfe des alt-Attributs im Image-Tag den Inhalt des Bildes anzeigen. Für das Ranking eines Bildes in der Bildersuche sind neben dem Alt-Attribut weitere Signale ausschlaggebend: Dateiname des Bildes, Bildunterschrift bzw. umgebender Text oder der Seitentitel des Dokuments.

6.3.2 Architektur und interne Verlinkung

Suchmaschinen finden und bewerten Dokumente über die Anzahl und Qualität von Links. Während für das Ranking von Webseiten externe Links (Backlinks) sehr stark gewichtet werden, sind interne Links und ihr optimierter Einsatz für die On-Page-Optimierung bedeutend.

Prinzip der Wertvererbung

Der Wert von Webseiten vererbt sich über Links. In der Regel ist die stärkste Seite einer Domain die Startseite. Die Startseite hat die meisten externen und internen Links und ist die URL, die Suchmaschinen am längsten bekannt ist. Alle Seiten, die von der Startseite aus verlinkt sind, erhalten über den Link einen Teil des Werts der Startseite. Dieser Wert vererbt sich dann erneut von der Unterseite über Links auf tiefer gehende Seiten.

Neben der Startseite kann es aber noch andere starke Unterseiten geben. Sie erkennen diese anhand ihrer externen oder internen Links. Datenquellen sind hier Backlink Softwares (externe Links) sowie spezialisierte Crawler (interne Links). Weiter ist das Ranking und die Crawl-

Frequenz einer Unterseite ein Indiz, ob Suchmaschinen der Ressource vertrauen und sie als hochwertig erachten. Datenquellen sind hier neben der Logfile-Analyse auch die Informationen aus der Search Console.

Unabhängig von der Stärke und Wertigkeit einer Unterseite sollten Sie die Zahl ausgehender Links auf ein vernünftiges Maß beschränken. Überflüssige oder redundante Links sollte man vermeiden und entweder löschen oder maskieren.

Wenn eine Verlinkung aus dem Fließtext erfolgt, kann Google den umgebenden Text bzw. die Informationen aus den Textinhalten für die Wertung des Links einbeziehen. Eine Verlinkung aus oder nahe bei Inhalten wirkt auch natürlicher als eine Verlinkung ohne Kontext (z.B. aus der Sidebar, dem Footer oder einer Aufzählung).

> **Hinweis: Hilfreiche Links werden stärker gewichtet**
>
> Suchmaschinen können ermitteln, ob ein Link tatsächlich angeklickt wurde und so einen Mehrwert für Nutzer stiftet oder ob er übersehen bzw. ignoriert wurde. Es ist daher sowohl aus Sicht der Suchmaschine als auch aus Sicht des Menschen sinnvoll, die ausgehenden Links auf ein sinnvolles Maß zu beschränken.

Mehrfachverlinkung und Linkmaskierung

Der Wert einer Seite teilt sich über alle internen oder externen Links auf. Hier ist es egal, ob eine Zielseite mehrfach verlinkt wird, Google wertet nur einen Link. Die Mehrfachverlinkung reduziert jedoch den zu vererbenden Anteilswert für die übrigen Links.

Möchte man Links dennoch für den Nutzer integrieren, kann man sie mithilfe von JavaScript oder Post/PRG maskieren[22]. Sie sind dann für den Nutzer klick- und bedienbar, die Suchmaschine erkennt sie nicht als Links und bezieht sie nicht in die Wertvererbung mit ein. In der

---

22 https://www.catbirdseat.de/blog/post-get-prg-pattern-fuer-online-shops/

Praxis sind dies häufig identische Verlinkungen im Header und Footer oder die Nutzung mehrfacher Verlinkungen bei Teasern.

Nofollow-Links

In der Vergangenheit wurde das Attribut `rel="nofollow"` verwendet, um den internen Linkfluss zu kanalisieren. Links, für die keine Wertvererbung stattfinden sollte (z.B. Werbung oder unnatürliche Links), erhielten das Attribut `nofollow`. Heutzutage bezieht Google die Gesamtzahl der erkannten Links bei der Errechnung von Anteilswerten mit ein – unabhängig vom Attribut `(no)follow`. Für die Linkmaskierung kann daher das Attribut nicht mehr genutzt werden, lediglich zur Kennzeichnung werblicher Links.

Fokussierung der Linktexte

Ein weiteres Problem ist die mehrfache Nutzung von identischen Linktexten für unterschiedliche URLs oder die Nutzung diffuser Linktexte. Anhand des Linktexts teilen Sie Google das Thema und den Keyword-Fokus einer verlinkten Seite mit.

Da unterschiedliche URLs in der Regel nicht denselben Keyword-Fokus haben, würden wir damit widersprüchliche Informationen an Suchmaschinen übermitteln.

Der Linktext »hier klicken« kann eine sinnvolle Aufforderung für Nutzer darstellen, aus Sicht der Suchmaschinenoptimierung ist dies aber eine irreführende Information. In diesem Fall könnten Sie entweder den Linktext anpassen oder den Link via JavaScript oder Post/PRG maskieren.

Verlinken Sie eine Seite über ein Bild, beispielsweise ein Logo oder ein Banner, so wertet Google das Alt-Attribut als Linktext. Es ist folglich wichtig, sowohl den Dateinamen als auch das Alt-Attribut auf Basis der Keywords der Suchenden zu gestalten. Die Information »Audi A4 2.0 TDI Avant« ist für Suchmaschinen einfacher zu verarbeiten als die Information »Auto« oder »Logodatei.png«.

Verwaiste Seiten

Google findet Inhalte über Links. Demzufolge müssen alle Unterseiten intern verlinkt sein. Dokumente ohne eingehende Links bezeichnet man als verwaiste Webseiten. Diese können folglich von Suchmaschinen nicht gefunden werden. Insofern wir bestehende Links auf ein Dokument entfernen, wird dieses eventuell noch gecrawlt und gerankt – Nutzer können es aber dann über die interne Verlinkung nicht mehr erreichen. Veröffentlichen wir Inhalte auf einer neuen URL, so muss diese intern verlinkt sein und wird dadurch in Suchmaschinen sichtbar.

Broken Links und Crawling-Fehler

Werden Inhalte nach Veröffentlichung wieder entfernt, ohne dass die interne Verlinkung angepasst wird, produziert man sogenannte »broken links«. Diese Links verweisen auf URLs, die eine Fehlermeldung ausgeben (z.B. Status 404 – Not Found oder Status 410 – Gone). Nutzer erhalten hier entweder eine gepflegte Fehlerseite oder eine Fehlermeldung im Browser.

Abb. 6.7: Google-404-Fehlerseite (Screenshot)

Diese Fehlermeldungen sind sowohl nachteilig für Nutzer (Inhalte sind nicht erreichbar) als auch für Suchmaschinen und Suchsysteme. Webmaster verschwenden so Crawl-Budget und die interne Weitergabe von Linkjuice (d.h. Wertigkeit einer Seite) ist unterbrochen.

Die Analyse der Crawling-Fehler erfolgt über die Search Console. Die URLs mit Fehlermeldungen werden dort als Crawling-Fehler ausgewiesen.

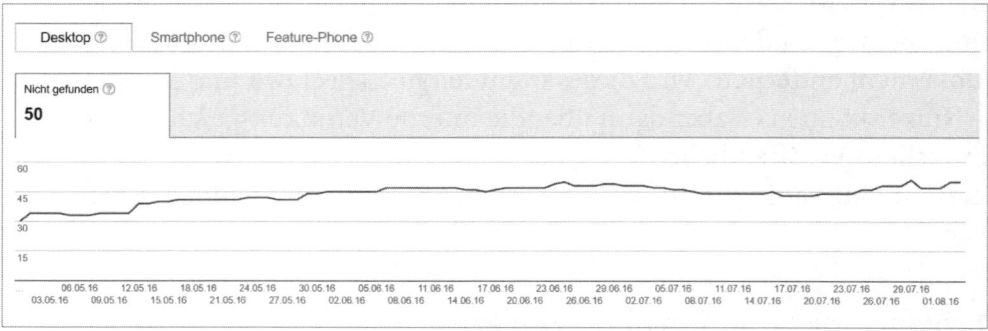

Abb. 6.8: Crawling-Fehler Search Console (Screenshot)

Neben der URL erhalten Sie auch Informationen über die Linkquellen, die Fehlerart und das Datum der Fehlermeldung.

Nicht gefunden

URL: https://www.catbirdseat.de/karriere/junior-seo-consultant/

Fehlerdetails	Verlinkt über

http://www.catbirdseat.de/karriere/seo-consultant/

https://www.catbirdseat.de/karriere/online-marketing-manager-sem-sea/

https://www.catbirdseat.de/karriere/seo-consultant/

http://www.catbirdseat.de/jobs/performance-marketing-analyse/

https://www.catbirdseat.de/karriere/seo-manager/

https://www.catbirdseat.de/jobs-sitemap.xml

https://www.catbirdseat.de/karriere/werkstudent-performance-marketing-mw-niederlaendisch-spanisch-p…

https://www.catbirdseat.de/karriere/web-analytics-manager/

Möglicherweise werden nicht alle URLs aufgeführt.

Als korrigiert markieren	Abbrechen	Abruf wie durch Google

Abb. 6.9: Crawling-Fehlerquellen Search Console (Screenshot)

404-Fehlerseiten

Setzen Sie eine 404-Fehlerseite ein, so können Sie mithilfe einer Webanalyse-Software und dem 404-Fehlertracking die betroffenen URLs und Referrer ermitteln. Das Fehlertracking ist beim Monitoring einer Webseite sinnvoll, idealerweise werden diese Fehler aber erst gar nicht verursacht.

Werden Inhalte publiziert oder depubliziert, sollte das CMS stets die interne Verlinkung und Sitemaps aktualisieren. Haben Sie keine Möglichkeit, auf diese beiden Systeme Einfluss zu nehmen – beispielsweise aufgrund einer externen Verlinkung –, so sollten Sie diese URL suchmaschinenfreundlich per Status-Code 301 weiterleiten.

301-Weiterleitungen und Ketten

Bei einer 301-Weiterleitung leitet der Webserver alle Clients (z.B. Googlebot oder User) bei Anfrage einer URL auf eine neue URL weiter und übergibt die Information, dass eine Ressource dauerhaft an den neuen Ort verschoben wurde.[23]

Wird eine weitergeleitete URL von externen Seiten verlinkt, so vererbt sich der Wert der Backlinks bei einer 301-Weiterleitung auf das Weiterleitungsziel. Der Nutzer bemerkt in der Regel nichts, da sich lediglich die URL in der Adresszeile verändert und er direkt weitergeleitet wird.

Weiterleitungsketten müssen Sie vermeiden, insbesondere, weil Google bei mehr als vier Weiterleitungen aufhört, der Spur zu folgen, was auch das Ende der Linkjuice-Übertragung bedeutet.

Breadcrumb-Verlinkungen

Unter einer Breadcrumb-Navigation versteht man eine Textzeile, die dem Benutzer anzeigt, in welchem Bereich einer Seite er sich befindet. Sie besteht in der Regel aus einem Link zur Startseite und aus Links auf die hierarchisch übergeordneten Seiten.

---

23 https://www.sistrix.de/frag-sistrix/http-statuscode/3xx-redirection/was-ist-eine-301-weiterleitung/

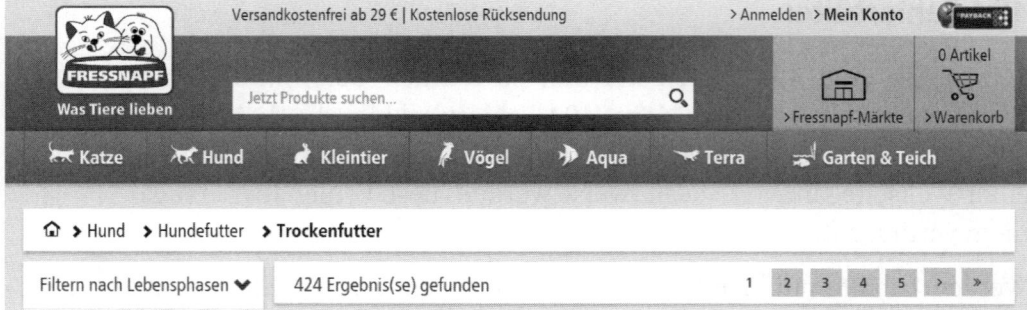

Abb. 6.10: Breadcrumb-Navigation Fressnapf (Screenshot)

Mithilfe einer Breadcrumb-Navigation können sich Nutzer besser auf einer Webseite orientieren und schnell eine oder mehrere Ebenen höher navigieren, ohne ein Menü oder Untermenü aus der Seitennavigation aufzurufen.

Durch die bessere Nutzerführung lässt sich die Verweildauer eines Besuchers erhöhen und die Bounce-Rate reduzieren. Zeichnet man die Breadcrumb-Verlinkung mit einem Markup aus, so kann Google sie in bestimmten Fällen auf der Suchergebnisseite darstellen.

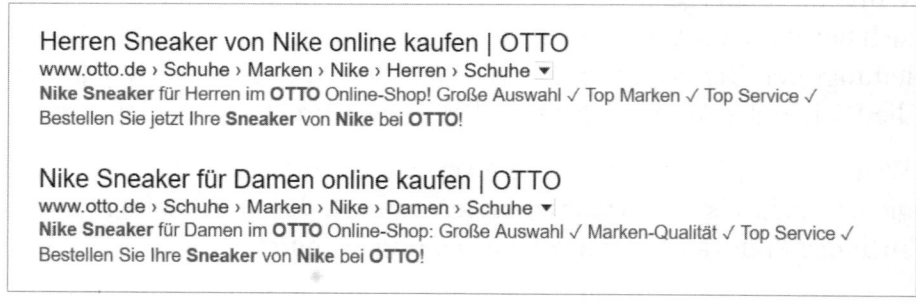

Abb. 6.11: Breadcrumb-Navigation Otto (Screenshot)

Neben Links auf das Suchergebnis können Nutzer über die zusätzlichen Links auf übergeordnete Seiten navigieren. Die entsprechende Auszeichnung mit Microdata lautet, so wie in Abbildung 6.11 dargestellt.

```
Without Markup    Microdata    RDFa    JSON–LD
```

```
<ol itemscope itemtype="http://schema.org/BreadcrumbList">
  <li itemprop="itemListElement" itemscope
      itemtype="http://schema.org/ListItem">
    <a itemprop="item" href="https://example.com/dresses">
    <span itemprop="name">Dresses</span></a>
    <meta itemprop="position" content="1" />
  </li>
  <li itemprop="itemListElement" itemscope
      itemtype="http://schema.org/ListItem">
    <a itemprop="item" href="https://example.com/dresses/real">
    <span itemprop="name">Real Dresses</span></a>
    <meta itemprop="position" content="2" />
  </li>
</ol>
```

Abb. 6.12: Breadcrumb-Auszeichnung mit Microdata (Screenshot)[24]

Eine Breadcrumb-Navigation macht aber nur dann Sinn, wenn die Webseite aus verschiedenen Informationsebenen und Hierarchien besteht.

Sitemaps

Sitemaps helfen Suchmaschinen bei der Indexierung von neuen Inhalten und übergeben mithilfe eines standardisierten Protokolls Informationen zur Webseite und zum Inhalt einer URL.

Für besondere Content-Formate gibt es separate Sitemaps. Wer beispielsweise Nachrichten, Videos oder Bilder für ein Google Vertical bereitstellen möchte, übermittelt diese in Sitemaps.[25] Web-Sitemaps sind vor allem bei sehr umfangreichen Seiten (große Seiten) oder bei aktuellen Seiten (regelmäßig neue Inhalte) eine wirksame Hilfe für Suchmaschinen. Gerade bei neuen Seiten, die noch wenige oder keine externen Links besitzen, erleichtern Sitemaps die Auffindbarkeit der Inhalte.

Google unterstützt verschiedene Sitemap-Formate: XML, RSS 2.0, mRSS und Atom-1.0-Feeds sowie Text. Formatübergreifend gilt die Restriktion von 10 MB (unkomprimiert) und 50.000 URLs. Falls das eigene Content-Angebot mehr als 50.000 URLs umfasst, so kann man mehrere Sitemaps nutzen und in einer Indexdatei auf alle Sitemaps

---

24 https://schema.org/BreadcrumbList
25 https://support.google.com/webmasters/answer/156184?hl=de

verweisen. Die Sitemap wird im passenden Format erstellt, auf der eigenen Domain publiziert und dann in der Search Console hinterlegt.[26] Sobald ein Inhalt publiziert oder depubliziert wird, muss die Sitemap aktualisiert werden. Die gängigen Content-Management-Systeme bieten die Erstellung und Aktualisierung im Standard-Funktionsumfang an.

Siloing

Das Konzept des »Siloings« ist ein Konzept zur Gestaltung der internen Verlinkung. Bei dem Siloing-Konzept werden nur Seiten miteinander verlinkt, die eine thematische Nähe besitzen.

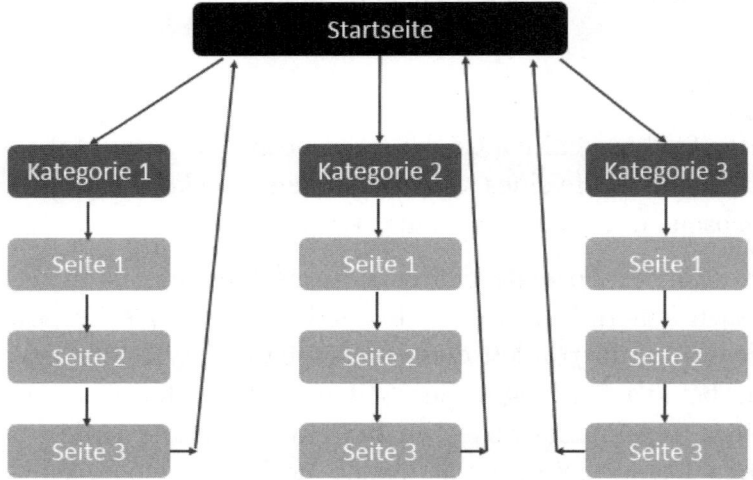

Abb. 6.13: Siloing bei der internen Verlinkung (Catbird Seat)

Wenn sich ein User in einer bestimmten Kategorie befindet, interessieren ihn in der Regel auch nur weiterführende Informationen zu relevanten Unterkategorien bzw. ähnlichen Produkten. Eine Verlinkung themenfremder Seiten ist daher an dieser Stelle irrelevant.

Eine Linkstruktur, die dem Aufbau in Silos folgt, bietet zwei wichtige Vorteile:

---

26 https://support.google.com/webmasters/answer/
183668?hl=de&ref_topic=4581190

1. Zum einen wird weniger Linkjuice an themenfremde Seiten »verschenkt«, wodurch mehr Linkjuice in Seiten mit thematischer Nähe fließen kann.

2. Zum anderen werden Links mit einem thematischen Bezug von Google stärker bewertet. Dies hat einen zusätzlich positiven Effekt auf die »Page Authority«, was zu besseren Rankings führt.

6.3.3 Server-Optimierung und Page Speed

Eine schnelle Ladezeit ist entscheidend, um Besuchern ein hohes Nutzererlebnis zu bieten und Abbruchraten zu minimieren. Untersuchungen haben ergeben, dass sich die Zufriedenheit eines Users um 16 Prozent pro Sekunde verstrichener Ladezeit verringert.[27] Bei einer Ladezeit von mehr als drei Sekunden würden 40% der User die aufgerufene Website verlassen.[28]

Laut Google liegt die optimale Ladezeit einer Website bei max. 1,5 Sekunden[29] – diesen Wert muss man jedoch in Relation zum Wettbewerb und eigenen Content-Angebot setzen. Eine hohe Ladezeit erschwert jedoch das Crawling einer Seite durch Suchmaschinen. Je länger die Crawler warten müssen, desto mehr Crawling-Budget wird verschwendet. Ist der Umfang oder die Qualität der analysierten Inhalte zusätzlich gering, macht es aus Sicht der Suchmaschine keinen Sinn, die Seite zu analysieren.

Aufgrund der großen Bedeutung für Nutzer ist der Page Speed seit 2010 ein offizieller Ranking-Faktor.[30]

---

27 https://searchenginewatch.com/sew/how-to/2409674/every-second-counts-why-page-speed-should-be-your-next-focus
28 https://econsultancy.com/blog/10936-site-speed-case-studies-tips-and-tools-for-improving-your-conversion-rate
29 https://www.sistrix.de/news/google-macht-die-ladegeschwindigkeit-zum-rankingfaktor/
30 https://webmasters.googleblog.com/2010/04/using-site-speed-in-web-search-ranking.html

Mobile Page Speed

Mit der Verbreitung mobiler Endgeräte sind die Anforderungen an die Geschwindigkeit und Ladezeit von Webseiten zusätzlich gestiegen. Sie sollten nicht nur die Desktop-Variante der Inhalte optimieren, sondern auch die mobilisierten Inhalte prüfen und optimieren. Nutzer sollen auch bei schwacher Internetverbindung in der Lage sein, Inhalte in angemessener Zeit (d.h. schnell) aus dem Internet abzurufen.

Je nach Content und Nutzungs- bzw. Interaktionskontext ist eine Mobile-App mit einer lokalen Synchronisation und Offline-Zugriff eine Alternative für eine Webseite.

Caching

Durch Browser-Caching können ausgewählte, statische Daten lokal auf dem Browser des Users gespeichert werden. Der Page Speed kann dadurch für wiederkehrende Besucher deutlich erhöht werden, da bei erneutem Aufruf der Seite oder bei Navigation auf der Webseite die Daten nicht neu heruntergeladen werden müssen.

Zusätzlich muss serverseitig ein zeitliches Intervall definiert werden, nach dem die Daten aktualisiert werden sollen. Wird kein Ablaufdatum hinterlegt, bleibt die Aktualisierung dem jeweiligen Browser überlassen, der in der Regel die Daten vom Server neu anfordert.

Komprimierung mit gzip

Durch eine Komprimierung statischer Dateien mittels gzip kann die Dateigröße der vom Webserver zum Download bereitgestellten statischen Ressourcen (HTML, CSS oder JavaScript) reduziert werden. Die dadurch eingesparte Dateimenge ist enorm und bewirkt eine deutliche Beschleunigung der Übertragungsgeschwindigkeit.

Gzip kann mithilfe von Plug-ins, über PHP oder über die `.htaccess`-Datei implementiert werden. Wird gzip aktiviert, analysiert es Dateien auf doppelte Datenbestandteile und ersetzt diese durch einen Verweis auf ein bereits vorhandenes Teil. Insofern sich eine Byte-Abfolge nicht wiederholt, bleibt die Datei unkomprimiert.

Eine Komprimierung sollte nur auf Dateitypen bzw. Dateien angewendet werden, die nicht schon komprimiert sind. Durch die erneute Komprimierung kann es sogar zu einem gegenteiligen Effekt kommen und man erhält eine höhere Dateigröße oder der Komprimierungsprozess beansprucht unnötig viel Speicher.

Ressourcen-Reduktion (JavaScript, HTML und CSS)

Die Reduktion von JavaScript-, HTML- oder CSS-Ressourcen entfernt unnötige Bytes. Reduziert werden alle überflüssigen Elemente wie Leerzeichen, Redundanzen, Zeilenumbrüche oder Einzüge. Die nun kleineren Dateien können schneller heruntergeladen, geparst und ausgeführt werden.

Es gibt mehrere Tools zur Komprimierung von Ressourcen, Google selbst bietet über die Chrome-Erweiterung »PageSpeed Insights« eine Möglichkeit, HTML-Code zu reduzieren und den optimierten HTML-Code abzurufen. Um sich eine nachträgliche Optimierung zu sparen, kann man die Dateien bereits optimiert erstellen und implementieren.

Google empfiehlt über die Chrome-Erweiterung von PageSpeed Insights, eine optimierte Version Ihres HTML-Codes zu erzeugen und diesen dann gegen den aktuellen Code auszutauschen. Für die Minimierung des CSS-Codes empfiehlt Google den YUI Compressor und cssmin.js. Für JavaScript-Code Closure Compiler, JSMin oder YUI Compressor. Idealerweise werden im Erstellungsprozess die Entwicklungsdateien mithilfe dieser Tools reduziert, umbenannt und in einem Produktionsverzeichnis gespeichert.[31]

Optimierung von Bilddateien und Grafiken

Ein Großteil der Ladezeit von Webseiten entfällt auf Bilddateien. Um diese Dateien bestmöglich und effizient auszuliefern, bieten sich die Nutzung von CSS-Sprites, Icon-Fonts und die Bilderkomprimierung an.

---

31 https://developers.google.com/speed/docs/insights/
    MinifyResources

Als CSS-Sprites bezeichnet man eine Grafikdatei, die mehrere Symbole und Icons enthält. Mithilfe von CSS-Befehlen (`background-image` und `background-position`) werden Elemente der Grafik ein- und ausgeblendet. Ein Vorteil ist die Verringerung der Webseiten-Ladezeit. Auch wenn die Dateigröße der Grafikdatei mit dem Umfang an Logos wächst, kann über die Einsparung der HTTP-Requests Zeit gewonnen werden.

Eine Alternative zu CSS-Sprites sind Icon-Fonts. Darunter versteht man Schriftarten, die Icons statt Buchstaben darstellen. Das bekannteste Icon-Font-Set ist Font Awesome[32].

Analog zur Datenkompression werden bei der Bildkompression nicht benötige Daten aus Bilddateien entfernt. Es gibt Bildformate, bei denen eine verlustfreie Kompression möglich ist (z.B. PNG) oder bei denen eine Komprimierung zu Verlusten führt (z.B. JPEG).

Bei der verlustfreien Kompression geht keine Information verloren, es werden nur bestimmte Redundanzen erkannt und entfernt. Im Rahmen der verlustbehafteten Komprimierung versucht man, die Qualitäts- und Informationsverluste so zu minimieren, dass das menschliche Auge sie nicht wahrnimmt.

Das Bildformat **webp** ist ein Format für die verlustfreie und verlustbehaftete Komprimierung von Bildern und wurde von Google entwickelt. Laut Google sind verlustfrei komprimierte **webp**-Dateien bis zu 26 Prozent kleiner als PNG-Dateien und 25 bis 34% kleiner als vergleichbare JPEG-Dateien.[33]

Das Format wird von den gängigen Grafikprogrammen bereits unterstützt, für Content-Management-Systeme wie WordPress gibt es Plugins, die Bilddateien konvertieren und je nach Browser **webp**-Dateien ausliefern. Aktuell unterstützten nur Opera, Android-Browser und Chrome das Bildformat.

---

32 `http://fontawesome.io`
33 `https://developers.google.com/speed/webp/`

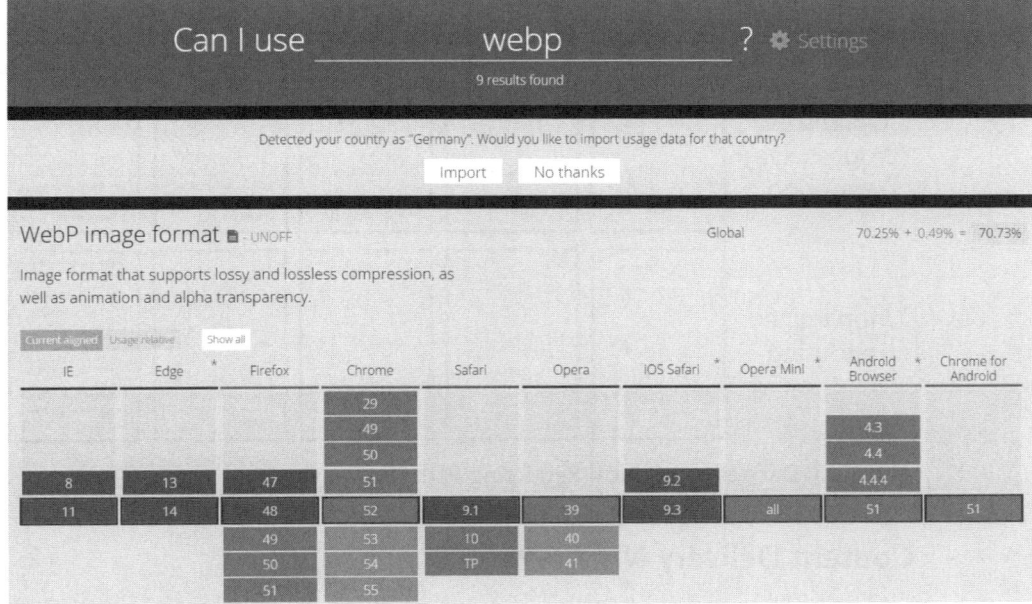

Abb. 6.14: webp-Unterstützung gängiger Browser (Screenshot)[34]

Critical Rendering Path

Die Optimierung des kritischen Rendering-Pfads (»critical rendering path«) zielt auf die schnellere Darstellung der für den Nutzer relevanten Seiteninhalte ab. Hier werden die Inhalte priorisiert geladen, die bei Seitenaufruf im sichtbaren Bereich des Browsers darzustellen sind oder für die primäre Aktion des Nutzers auf einer Webseite benötigt werden.

Ressourcen, die nicht initial oder überhaupt nicht benötigt werden, werden entweder nachgeladen oder aus der Seite entfernt.

---

34 http://caniuse.com/#search=webp

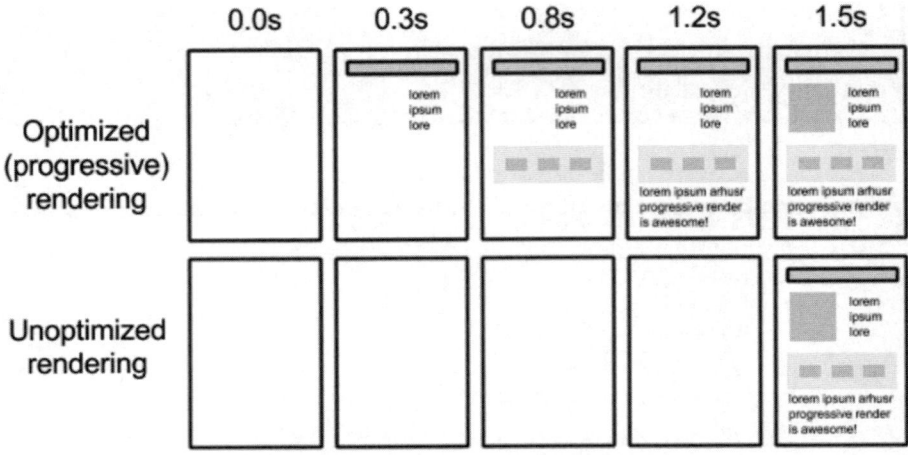

Abb. 6.15: Darstellung Critical Rendering Path (Screenshot)[35]

Content Delivery Networks

Unter einem Content Delivery Network (CDN) versteht man ein Netzwerk von miteinander verbundenen Servern.

Da diese Server über die Welt verteilt werden können, werden Inhalte nicht mehr zentral bereitgestellt und von einem Server ausgeliefert, sondern lokal je nach Standort des Anfragenden. Ein Nutzer aus Russland erhält den Inhalt dann beispielsweise von einem russischen Server – auch wenn der primäre Server und die Firma in den USA sitzen.

Neben der regionalen Auslieferung von Inhalten kann die Last bei temporär vielen Zugriffen auf eine Seite oder eine Ressource über mehrere lokale Server verteilt werden. Inhalte werden dann ohne größere Wartezeiten ausgeliefert, da nicht einer, sondern viele Server die Anfragen verarbeiten.

Insofern man für einen bestimmten Zeitraum mit einer besonders großen Zahl an Besuchern rechnet (z.B. im Rahmen einer Kampagne), sollte man ein Content Delivery Network nutzen. Ebenso falls man im Rahmen einer Content-Marketing-Kampagne internationale Besucher

---

35 https://developers.google.com/web/fundamentals/performance/
critical-rendering-path/?hl=en

akquirieren möchte. Je nach Tarif ist es möglich, nur für die Dauer der Inanspruchnahme eine Gebühr zu zahlen anstelle eines monatlichen Fixpreises. Bekannte, kostenpflichtige Anbieter sind Cloudflare[36], Akamai[37] oder Amazon Web Services[38].

6.3.4 Text-Optimierung

Content Marketing ist Marketing mit Inhalten. Diese Inhalte muss man nicht nur für Menschen optimieren (z.B. um Marketing-Ziele zu erreichen), sondern auch für Maschinen. Dieses Kapitel behandelt sowohl die Optimierung von Textinhalten für Suchmaschinen als auch die Optimierung für jegliche andere Form von Clients.

Ranking durch Relevanz

Eine Suchmaschine möchte ihren Nutzern stets das relevanteste Dokument an erster Stelle ausliefern. Suchmaschinen analysieren Textinhalte hinsichtlich Länge, Gliederung und Fokussierung. Folglich werden Dokumente hinsichtlich bestimmter Suchbegriffe als relevant oder weniger relevant erachtet und mit anderen Seiten im Google-Index verglichen. Das relevanteste Dokument von der vertrauenswürdigsten Quelle wird dann an erster Stelle platziert. Es reicht folglich nicht aus, »nur« eine relevante Ressource zu sein, man muss auch relevanter, vertrauenswürdiger und hochwertiger als der Wettbewerb sein.

Das Vertrauen der Suchmaschine verdient man sich über positive Nutzersignale, externe Verweise (Backlinks) oder sonstige Rankingsignale. Inhalte müssen somit erneut nicht nur der Maschine gefallen, sondern auch den Menschen, die diese Inhalte konsumieren oder empfehlen (Backlinks und User-Signale).

---

36 `https://www.cloudflare.com`
37 `https://www.akamai.com/de/de/`
38 `http://aws.amazon.com/de/`

WDF*IDF-Analysen

Wenn Sie nun einen Textinhalt auf eine bestimmte Suchphrase oder ein Keyword Cluster optimieren möchten, können Sie sich an der Formel WDF*IDF[39] orientieren. Mithilfe der Formel und Tools, die diese Formel nutzen, kann der Fokus eines Textinhalts analysiert werden.

WDF ist die Abkürzung für »Within Document Frequency«. Sie bestimmt, wie häufig ein Wort oder eine Kombination innerhalb eines Dokuments vorkommt. Dieser Wert wird ins Verhältnis zum relativen Vorkommen aller übrigen Terme eines Textes bzw. Dokuments oder einer Website gesetzt.

Die Berechnung der Inverse Document Frequency (IDF) erfolgt, um die Häufigkeit an Dokumenten zu einem bestimmten Wort oder einer Kombination mit einzubeziehen. Die IDF setzt die Anzahl aller bekannten Dokumente ins Verhältnis zur Zahl der Texte, die den Term enthalten.

Folglich wird nicht nur die Relevanz hinsichtlich eines Keywords analysiert, sondern das gesamte semantische Umfeld (verwandte Keywords und Keywords der Top-platzierten Seiten). Ein hilfreiches Tool für Content-Marketer ist dafür *OnPage.org*.

Möchte man seine Textinhalte perfekt für Suchmaschinen bereitstellen, sollte man sie sowohl mit HTML-Tags als auch inhaltlich strukturieren und gliedern.

Gute WDF*IDF-Werte führen nicht automatisch zu guten Usersignalen oder Marketingzielen. Neben der Lesbarkeit und Verständlichkeit sollte ein Text auch optisch ansprechend aufbereitet sein. Dies stellt man durch den Einsatz von Überschriften und Medieninhalten (Bilder, Videos) sicher.

---

39 `https://de.onpage.org/wiki/WDF*IDF`

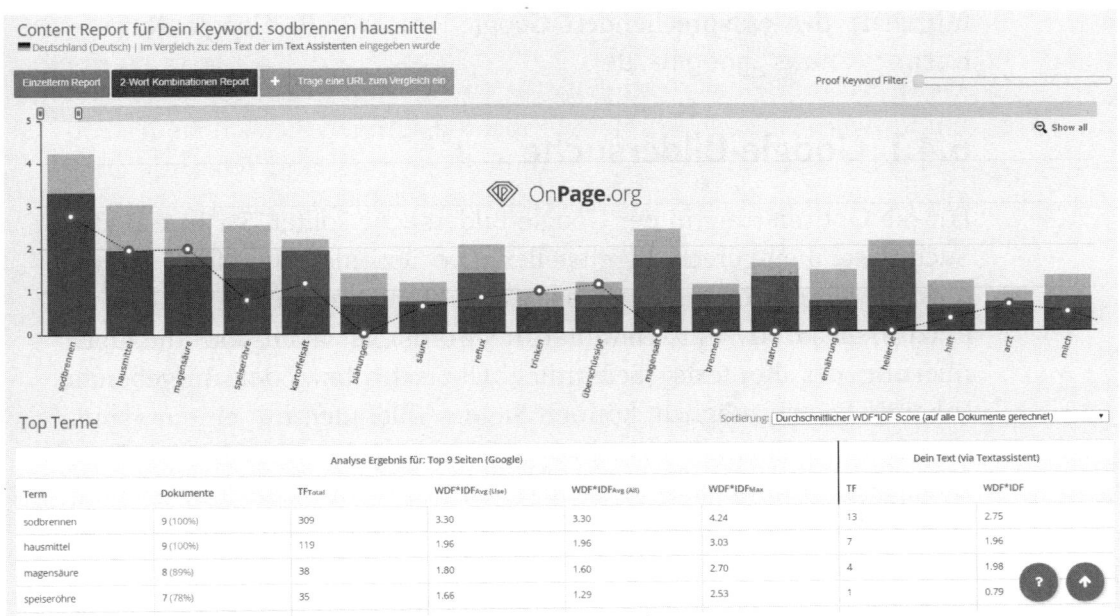

Abb. 6.16: Textanalyse »Sodbrennen« mit *OnPage.org* (Screenshot)[40]

6.4 Optimierung für Google Verticals

In den letzten Jahren hat Google die Suchergebnisseite um eine Vielzahl an neuen Elementen erweitert. Es gibt längst nicht mehr nur zehn Suchergebnisse, je nach Suchanfrage sind es deutlich mehr. Die so genannten Universal-Search-Suchergebnisseiten enthalten neben organischen Ergebnissen auch Ergebnisse unter anderem aus der Google-Bildersuche, dem Knowledge Graph, der Google-Videosuche, Google News oder der lokalen Suche.

Für Content-Anbieter ergibt sich so die Chance, mit mehreren Content-Typen und -Formaten (Artikel vs. Nachricht, Text vs. Video, lokalisiertes vs. überregionales Angebot) sichtbar zu werden. Hat man im klassischen organischen Index keine Chance auf eine Top-Position, so bieten die Google Verticals eine zweite Chance für eigene Inhalte. Die Integration erfolgt dann auf der normalen Suchergebnisseite sowie

---

40 https://de.onpage.org/

innerhalb des entsprechenden Google-Portals (z.B. Google News – `https://news.google.de`).

6.4.1 Google-Bildersuche

Für die Optimierung in der Google-Bildersuche sollten Sie Ihre Bilder Suchmaschinen-gerecht bereitstellen. Die Optimierung erfolgt sowohl über die Bereitstellung eines `alt`-Attributs im Image-Tag (möglichst präzise, deskriptiv mit relevanten Keywords), als auch über die Optimierung des Kontexts (Seitentitel, Überschriften oder umgebende Inhalte). Sofern möglich, können Sie das Bild auch mit einem »sprechenden« Dateinamen versehen und komprimieren. Dabei wird die Dateigröße minimiert – je nach Dateiformat ohne oder mit leichten Qualitätsverlusten. Google empfiehlt dazu noch den Einsatz einer Sitemap, um die Auffindbarkeit der Bilder durch Suchmaschinen zu erleichtern (Quelle: `https://support.google.com/webmasters/answer/114016?hl=de`). Zusätzlich können Sie Bilddateien über eigene, schnelle und dafür optimierte Server ausliefern.

6.4.2 Google-Videosuche

Möchten Sie im Rahmen Ihrer Content-Kampagnen das Format Video nutzen, so können Sie Ihre Inhalte auf Videoplattformen wie YouTube oder Vimeo bereitstellen. Die Plattformen selbst bieten zahlreiche Optimierungsmöglichkeiten wie beispielsweise die Benennung des Videos, Beschreibungstexte oder die Nutzung von Tags.

Nutzen Sie einen eigenen Videoplayer und speichern Sie Videodateien auf einem eigenen Server, können Sie Ihre Videos an Google mithilfe einer Videositemap übermitteln. Google stellt die Anforderungen und Pflichtelemente einer Videositemap in der Webmaster-Hilfe zur Verfügung.[41] Eine andere Möglichkeit für die Übermittlung sind der RDFa Markup, mRSS oder via Facebook Share.[42]

---

41 `https://developers.google.com/webmasters/videosearch/sitemaps`
42 `https://developers.google.com/webmasters/videosearch/markups`

Bei der Bereitstellung der Videos sollte sichergestellt sein, dass alle Videoinhalte für Suchmaschinen erreichbar und nicht über die robots.txt-Datei blockiert werden. Um die Klickrate auf Videoergebnisse zu verbessern, sollten Sie Thumbnails der Videos in hinreichend guter Qualität bereitstellen.[43]

Sofern Sie Ihre Videos auf YouTube speichern und verbreiten, profitieren Sie von der Stärke des Hosts YouTube.com. Insofern Sie einen eigenen Hoster oder Player nutzen, konkurrieren Sie eventuell mit einer schwachen Domain gegen YouTube – ein schier aussichtsloses Unterfangen.

6.4.3 Google News

Google News ist nicht nur für Nachrichtenseiten ein interessanter Kanal, sondern für alle Webseiten, die nachrichtenähnliche Inhalte anbieten und die Anforderungen für Google News erfüllen.

Die allgemeinen Richtlinien für Webseiten sind:[44]

- Nachrichten über aktuelle Ereignisse
- Originalinhalte
- Rückverfolgbarkeit und Transparenz der Nachrichten
- Keine Webseite mit falschen Darstellungen

Für Nutzer müssen Artikel lesbar sein, also einerseits in einwandfreier Rechtschreibung und Grammatik verfasst sein, anderseits nicht durch Werbung (Banner, Popups oder Videos) überlagert werden. Zusätzlich müssen Webmaster diverse technische Richtlinien bei der Bereitstellung der Nachrichten erfüllen:

- Eindeutige Artikel-URLs der Nachrichten
- Nachrichten-URLs intern verlinkt
- Nachrichten im HTML-Format

---

43 `https://developers.google.com/webmasters/videosearch/`
   `indexing#low-quality-thumbnail-images`
44 `https://support.google.com/news/publisher/answer/40787?hl=de`

■ Kein Ausschluss des Google Bots (z.B. über robots.txt oder Meta-Robots-Tag)

Sofern Sie alle Anforderungen hinsichtlich der Webseite und Inhalte für Google News erfüllt haben, müssen Sie die Aufnahme in Google News über das Google-News-Publisher-Center beantragen und werden dann bei aktuellen Themen für meist kurze Zeit als eine Nachrichtenquelle dargestellt.

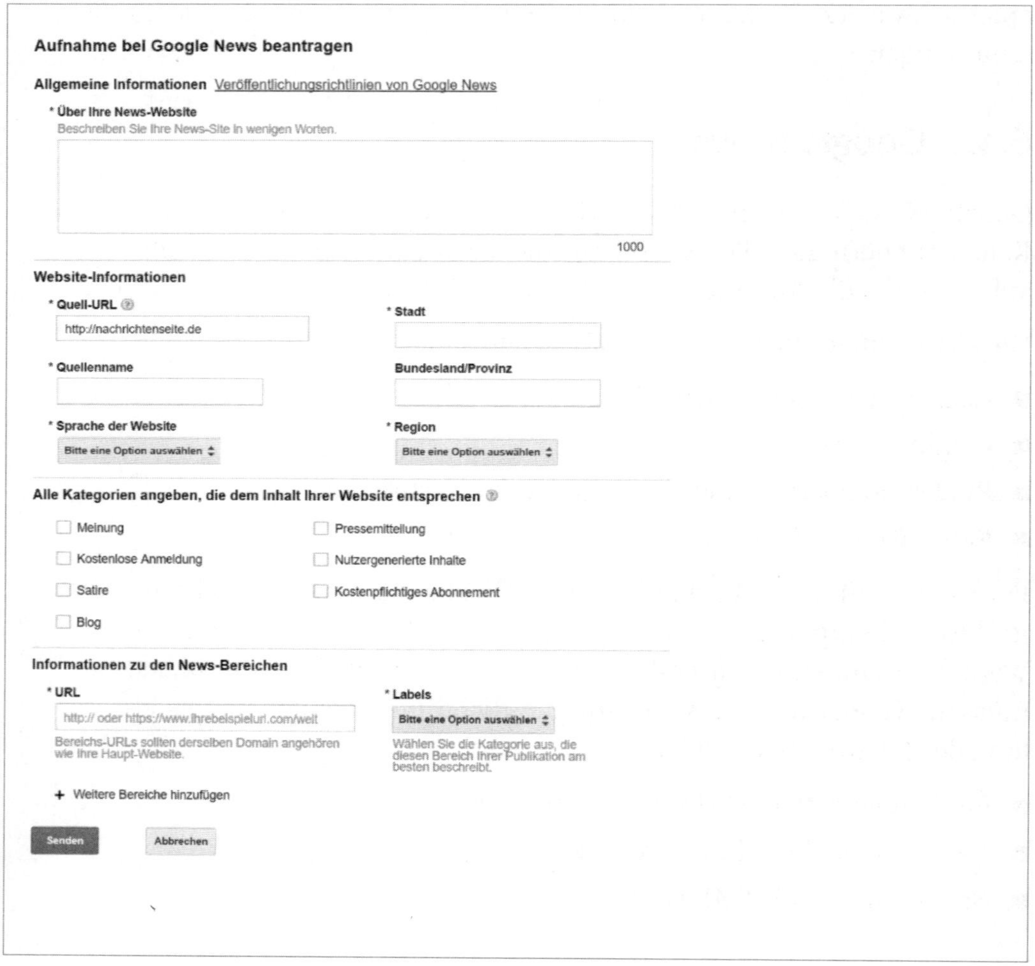

Abb. 6.17: Google-News-Anmeldung (Screenshot)[45]

---

45 https://partnerdash.google.com/partnerdash/d/news#p:id=pfehome

Je nach Thema und Nachrichtenlage sind Sie jedoch nur für kurze Zeit sichtbar und können ohne eine Aktualisierung des Artikels (sog. Republishing) nur für kurze Zeit eine Google-News-Integration erreichen. In der Regel werden kleine Seiten von großen Nachrichtenseiten verdrängt.

> **Hinweis: Google News ist nur für Nachrichten**
>
> Google stellt hier nur Nachrichteninhalte dar, die kompetent und nach journalistischen Standards verfasst wurden. Im Google-News-Publisher-Center grenzt sich Google explizit von Marketingdiensten ab und droht bei werblichen Inhalten mit einem Ausschluss der Domain aus Google News.[46]

6.5 Optimierung für mobile Clients

Für die Analyse von Webseiten und mobilen Varianten nutzen Suchmaschinen eigene Crawler. Bei Google heißt der für mobile Webseiten entwickelte Crawler »Googlebot Mobile«[47]. Der Bot analysiert Webseiten aus Sicht eines mobilen Endgeräts und prüft die mobile Variante einer Webseite.

6.5.1 Umsetzung mobiler Seiten

Für die Umsetzung der mobilen Webseite gibt es in der Regel vier Varianten:

- Responsive Design
- Dynamic Serving
- Unterschiedliche URLs
- Accelerated Mobile Pages (AMP)

---

46 https://support.google.com/news/publisher/answer/40787
47 https://de.onpage.org/wiki/Googlebot_mobile

Der Unterschied zwischen den vier Varianten ist der Einsatz eines angepassten HTML-Quellcodes und die Nutzung einer (eigenen) URL.

Konfiguration	Bleibt meine URL gleich?	Bleibt mein HTML-Code gleich?
Responsive Webdesign	✓	✓
Dynamische Bereitstellung	✓	✗
Unterschiedliche URLs	✗	✗

Abb. 6.18: Varianten mobiler Bereitstellung (Google)[48]

Responsive Design

Google empfiehlt den Einsatz von Responsive Design. Hier wird – unabhängig vom Device – ein identischer Quellcode bereitgestellt, das Layout und die Inhalte jedoch an die Bildschirmgröße angepasst. Webmaster müssen hier nur ein HTML pflegen, die Suchmaschine nur eine URL crawlen. Die technische Umsetzung erfolgt über den Einsatz eines Meta-Tags, das dem Browser sagt, wie Inhalte über CSS angepasst werden.[49]

Dynamische Bereitstellung

Bei der dynamischen Bereitstellung erhalten mobile Clients ein angepasstes HTML. Auch wenn der Pflegeaufwand durch mehrere Quellcodes steigt, können Webseiten so auf die Rahmenbedingungen mobiler Endgeräte angepasst werden, ohne dass Google eine neue URL analysieren muss und die Gefahr duplizierter Inhalte (d.h. Duplicate Content) entsteht.

---

48 https://developers.google.com/webmasters/mobile-sites/mobile-seo/?hl=de

49 https://developers.google.com/webmasters/mobile-sites/mobile-seo/responsive-design?hl=de

Die technische Umsetzung erfolgt über den Vary-HTTP-Header und die Auslieferung auf Basis des User Agents. Google veröffentlicht die Token der User Agents und aktualisiert die Liste fortlaufend.[50] Webmaster müssen hier zwingend Cloaking vermeiden und sicherstellen, dass der Googlebot nicht andere Inhalte erhält als der User.

Unterschiedliche URLs

Bei der Konfiguration »unterschiedliche URLs« gibt es für jede Desktop-URL eine korrespondierende URL für mobile Endgeräte. Die technische Umsetzung erfolgt in der Regel über eine mobile Subdomain (d.h. *http://m.domain.de*). Um Duplicate-Content zu vermeiden und Google die Beziehung der Seiten anzuzeigen, nutzt man das Link-Tag mit den Elementen `rel="canonical"` und `rel="alternate"`.[51]

Accelerated Mobile Pages (AMP)

Das Projekt Accelerated Mobile Pages (AMP) ist eine Open-Source-Initiative für schnelle mobile Seiten. Inhalte werden mittels Content-Templates über das Framework AMP HTML ausgeliefert. Das Framework nutzt ein stark reduziertes und vereinfachtes HTML, CSS und Java-Script. Die wichtigsten Elemente (Text, Bilder, Videos und Werbung) werden nachgeladen.[52]

Neben der Beschleunigung mobiler Seiten profitieren Webmaster auch von einer separaten Berücksichtigung auf Suchergebnisseiten.[53]

6.5.2 Mobile Friendliness

Die Optimierung der eigenen Inhalte für mobile Endgeräte ist für Content-Anbieter zentral. Für Google ist die nutzerfreundliche Bereitstel-

---

50 https://support.google.com/webmasters/answer/1061943?hl=de

51 https://developers.google.com/webmasters/mobile-sites/mobile-seo/separate-urls?hl=de

52 https://www.ampproject.org/

53 http://searchengineland.com/amp-breaks-news-main-google-search-results-254965

lung mobiler Inhalte bereits ein Ranking-Faktor.[54] Webseiten, die nicht für mobile Endgeräte optimiert sind und folglich Crawlern oder mobilen Nutzer die Interaktion mit Inhalten erschweren, werden im mobilen Ranking schwächer gewichtet. Damit man eigene Inhalte auf »mobile Friendliness« überprüfen kann, bietet Google ein eigenes Tool an, das »Mobile Friendliness Testing Tool«[55].

6.5.3 Mobile Webseite und App-Indexierung

Anstelle einer mobilen Webseite können Sie auch eine App nutzen.

Mobile Webseite vs. App

Die Inhalte einer App sind im Gegensatz zur mobilen Webseite auch offline erreichbar und Features können auf die technischen Möglichkeiten eines mobilen Endgeräts angepasst werden (z.B. Lokalisierung-Services, Kamera oder Personalisierung). Neben einer Smartphone-App können Sie auch den Einsatz anderer mobiler Clients wie Smart TV, Connected Cars oder Smart Watches bei der Entwicklung der Mobile-Content-Strategie prüfen.

App-Indexierung

Inhalte der Smartphone-Apps können Sie mithilfe der iOS- oder Android-App-Indexierung an Google übermitteln. Während anfangs die App-Indexierung nur für Android-Geräte möglich war, unterstützt Google nun auch iOS-Geräte.

App-Inhalte sind über sogenannte Tiefenlinks bereits auf der Suchergebnisseite erreichbar. Wenn Nutzer eine App bereits installiert haben, können Inhalte auf der Suchergebnisseite direkt in der App aufgerufen werden, ohne dass der Nutzer sich durch die App navigieren muss.

---

54 https://searchenginewatch.com/sew/news/2397418/google-adds-mobile-friendliness-and-indexed-apps-as-ranking-factors
55 https://testmysite.thinkwithgoogle.com/

Seitenbetreiber haben so die Chance, die Öffnungsrate der Apps zu erhöhen und die Nutzer in ein eigenes Content-Universum zu ziehen. Die technische Umsetzung erfolgt über Deeplinks im Head-Bereich des Quellcodes, über die Sitemap oder über die App-Indexing-API.[56]

Hinweis: Mobile First

Im Oktober 2015 wurden erstmals mehr Suchen von mobilen Clients ausgelöst als von Desktop-Clients.[57]

---

56 https://developers.google.com/app-indexing/webmasters/details
57 Quelle: http://blogs.wsj.com/digits/2015/10/08/google-says-
  mobile-searches-surpass-those-on-pcs/

7

Content-Marketing-Analytics

Content Marketing braucht messbare Erfolge. Über Analytics-Methoden können wir genau nachvollziehen, wie viele Nutzer in welcher Art und Weise mit unserem Content interagieren. Erinnern wir uns zum Einstieg in dieses Kapitel an häufige Ziele für Content Marketing:

■ **Kundenakquise:** Erschließen Sie neue Zielgruppen, z.B. »Millennials« oder »Young Professionals« für Ihr Online-Portal, indem Sie fokussierten Content produzieren und auf den von Ihrem neuen Publikum bevorzugten Kanälen ausspielen.

■ **Positionierung:** Positionieren Sie sich als Ratgeber für den effizienten Umgang mit Produkten oder als Experte für bestimmte Dienstleistungen, indem Sie einschlägigen Content dazu aufbauen und über geeignete Kanäle distribuieren.

■ **Kundenbindung:** Kreieren Sie für Ihre bestehenden Kunden relevante Inhalte, um ihnen gute Gründe zu liefern, auf Ihr Portal zurückzukehren.

Sehr verbreitete Web-Analyse-Tools sind Google Analytics[1], Piwik[2] oder auch WebTrekk[3]. Darüber hinaus gibt es noch eine Menge Enterprise-Systeme, die allerdings aufwendiger in der Implementierung und der Handhabung sind.

Wir beziehen uns in diesem Kapitel überwiegend auf das sehr verbreitete Google Analytics. Google Analytics arbeitet sitzungsbasiert. Das bedeutet, dass Website-Besuche als Sitzungen aufgezeichnet werden. Wir können über verschiedene Filter auswählen, welche Webseitenbereiche wir untersuchen wollen und welche spezifischen Sitzungsmerkmale uns interessieren. Einige der Filter sind voreingestellt, andere müssen wir selbst zusammenstellen.

Unterstützend nehmen wir Bezug auf die Google Search Console, in der wichtige Daten rund um das Suchverhalten der Nutzer unseres Webangebots gespeichert werden. In der Kombination ermöglichen Google Analytics und die Google Search Console einen guten Einblick in den Erfolg unserer Content-Marketing-Aktivitäten. Unser Ziel ist es

---

1   `https://analytics.google.com/analytics/web/` (kostenlos)
2   `https://piwik.org`; Open Source (kostenlos)
3   `https://www.webtrekk.com/` (Kosten variabel nach Traffic)

hierbei, die Interaktionen der Nutzer mit unseren Inhalten nachzuvollziehen, um die Inhalte immer besser an das Marketing-Ziel und an die Nutzererwartungen anzupassen.

Die Herausforderung besteht darin, die Parameter, die uns die jeweiligen Analyse-Tools vorgeben, so einzustellen, dass wir zutreffende Aussagen über unseren Content-Marketing-Erfolg treffen können.

7.1 Content für die Kundenakquise

Nehmen wir an, unser Content ist ein Artikel in einer als »Ratgeber« betitelten, redaktionell geführten Rubrik. Die Rubrik gehört einem Portal, das elegante Outfits für Damen und Herren vertreibt.

Unser Artikel liefert umfassende Informationen zum Thema »Kleines Schwarzes«. Der Artikel wurde mit Blick auf diese aus zwei Keywords bestehende Suchphrase getextet und bebildert. Der Beitrag funktioniert als hilfreicher Guide, der Nutzer darüber aufklärt, woher der Begriff »Kleines Schwarzes« stammt, welche Varianten es davon gibt, wie Outfits rund um das kleine Schwarze aufgebaut sind und wie sich die Bestandteile stilsicher kombinieren lassen. Der Guide kombiniert nützliche Informationen rund um Outfits mit Produktbildern, die zum Klicken in den Shop verführen sollen.

Das Ziel dieses Contents ist es, Nutzer als Portalbesucher zu gewinnen, die sich gerade mit der Zusammenstellung eines Outfits beschäftigen, in dem das kleine Schwarze die Hauptrolle spielt. Als Hauptzielgruppe wurden jüngere Frauen definiert, die sich erstmals über ein solches Kleidungsstück Gedanken machen. Über einen sinnvollen Einsatz von Google Analytics lässt sich herausfinden, ob der Inhalt seinen Zweck erfüllt.

7.1.1 Traffic-Quelle je URL bestimmen

Nehmen wir an, der Online-Mode-Anbieter hat seinen Beitrag unter der URL *www.modeshop.de/ratgeber/kleines-schwarzes.html* veröffentlicht. Aus Sicht von Google Analytics ist diese URL eine mögliche Zielseite. Als Zielseite definiert Google Analytics jede Seite, die als erste aufgerufene Seite in einer neuen Sitzung infrage kommt.

Da unser Ratgeber-Beitrag als SEO-Landingpage konzipiert ist, kommt er als Einstiegsseite für neue Portalbesucher und damit als Zielseite infrage. Um zu überprüfen, wie relevant der Suchmaschinen-Traffic für unsere Beispiel-URL ist, öffnen wir den Bericht in Google Analytics unter AKQUISE > CHANNELS und klicken dort auf den Link mit der Standardbeschreibung ORGANIC SEARCH. Wir landen auf einer Ansicht, die uns die gesamte Entwicklung der Webseiten-Zugriffe über den Kanal ORGANISCHE SUCHE für den ausgewählten Zeitraum zeigt.

Wollen wir jetzt wissen, wie viele Zugriffe unser Beitrag »kleines Schwarzes« erhalten hat, wählen wir zunächst unter PRIMÄRE DIMENSION den Link ZIELSEITE. Jetzt geben wir den Begriff »kleines schwarzes« in den Suchschlitz unter der grafischen Auswertung der Sitzungen ein. Gegebenenfalls müssen wir die Eingabe etwas variieren, um die richtige URL angezeigt zu bekommen. Anschließend können wir unseren Beitrag anklicken und die Entwicklung der organischen Zugriffe über Suchmaschinen ablesen.

Wir tun gut daran, diese Analyse im Wochen- oder Monatsrhythmus zu wiederholen. Denn so lernen wir das Nutzerverhalten in Bezug auf unser Thema immer besser kennen. In Bezug auf unser Beispiel »kleines Schwarzes« ist etwa die Erkenntnis möglich, dass sich der Traffic abhängig von der Suchnachfrage besonders im November positiv entwickelt. Durch Thesenbildung und Recherchen lässt sich daraus schließen, dass sich die Damenwelt mit dieser gezielten Suche und der dahinterstehenden Informations- und Kaufabsicht auf die Saison der betrieblichen und privaten Weihnachts- und Silvesterfeiern vorbereitet.

Tipp: Nutzer-Interaktionen erforschen

Suchen Sie grundsätzlich nach der »inneren Logik« für jedes Thema, das Sie mit einem Beitrag besetzen. Optimieren Sie nicht nur die Themengestaltung z.B. durch saisonal passende Bildmotive, sondern investieren Sie auch Ihre Budgets für die Bewerbung von Inhalten nach der Logik, die Sie aus den Analytics-Daten herauslesen können. Sie werden sehen, es lohnt sich. Nur auf dem kombinierten Weg der Content-Erstellung und Datenanalyse lassen sich Inhalte in Beiträge zur Wertschöpfung verwandeln.

7.1.2 Keyword-bezogenen Traffic bestimmen

Wenn Sie erfahren wollen, über welche Keywords bestimmte Nutzer auf Ihr Webangebot gelangt sind, müssen Sie über Google Analytics hinaus auch die Google Search Console zurate ziehen. Sie ist Bestandteil der von Google zur Verfügung gestellten Webmaster-Tools.

Über das Menü SUCHANFRAGEN > SUCHANALYSE erhalten Sie eine nach Klickanzahl sortierte Auflistung von Keywords, über die Nutzer auf Ihre Seite gelangen. Für jedes Keyword können Sie sich über die Detailanzeige ausgeben lassen, welche Zielseite damit verbunden ist. Auf diese Art können Sie beispielsweise feststellen, ob sich das relevanteste Keyword für Ihre Nutzer auch im Titel oder der Hauptüberschrift Ihres Beitrags befindet, und ggf. Ihren Beitrag anpassen.

7.1.3 Demografie-Merkmale überprüfen

Als nächster Schritt lässt sich feststellen, von welcher Zielgruppe der Ratgeber-Inhalt angenommen wird. Interessant wäre beispielsweise zu erfahren, ob ein Thema mehr weibliche oder männliche Nutzer anlockt. Um das herauszufinden, wählen wir den Button SEKUNDÄRE DIMENSION, scrollen in dem Klappmenü herunter bis auf die Kategorie NUTZER und wählen anschließend GESCHLECHT. Dort können Sie sehen, ob eher die Damen- oder eher die Männerwelt auf Ihren Beitrag reagiert.

> **Hinweis: Demografie-Daten in Google Analytics**
>
> Zur Bestimmung demografischer Informationen greift Google etwa auf Daten aus dem eigenen Werbenetzwerk DoubleClick zurück. Diese basieren zum Teil auf Hochrechnungen und sind somit nur ein Hinweis auf die erreichte Zielgruppe. Google kann lediglich für jene Nutzer Werte ausweisen, über die es Daten im Google-Werbenetzwerk gibt. Der Anteil der Besucher, der in die demografische Auswertung einfließt, hängt deshalb stark von der Branche und der Zielgruppe ab.

Auch zum Alter der Nutzer haben Sie Thesen vorangestellt, die Sie mit Google Analytics überprüfen können. Der Weg zu dieser Auswertung führt ebenfalls über den Button SEKUNDÄRE DIMENSION und dort über die Kategorie NUTZER. Diesmal wählen wir als Kriterium dort das ALTER aus, um die entsprechende Aufschlüsselung zu erhalten.

7.1.4 User-Engagement beobachten

Als nächster Schritt lässt sich feststellen, ob der Content bei den erreichten Personen gut ankommt. Messbare Hinweise dafür sind die Sitzungsdauer sowie die Absprungrate. Bezogen auf eine einzelne URL finden wir den relevanten Bericht in Google Analytics unter VERHALTEN > WEBSITE CONTENT > ZIELSEITEN.[4]

Sitzungsdauer

Zu jeder Zielseite können wir eine zugehörige Sitzungsdauer einsehen. Gut funktionierende Ratgeber-Beiträge können die Aufmerksamkeit der Nutzer durchaus für mehrere Minuten binden.

Absprungrate (engl. Bounce-Rate)

Auch die Absprungrate kann einen Aufschluss darüber geben, wie gut oder schlecht ein Ratgeber-Beitrag aufgenommen wird. Eine niedrige Absprungrate würde bedeuten, dass die Nutzer von der Zielseite nicht zurück auf die Suchergebnis-Seiten gesprungen sind, sondern sich in Ihrem Web-Angebot weiter vertieft haben.

Damit wir aus den Werten der Sitzungsdauer und Absprungrate die richtigen Schlüsse ziehen können, ist ein wenig Verständnis für das Zustandekommen der Messwerte nötig. Es wird etliche Nutzer geben, die mit der gebotenen Information, die sie auf einer Ratgeber-Seite gefunden haben, zunächst zufrieden sind. Sie werden daher den Artikel aufrufen und die Seite nach einiger Zeit wieder verlassen.

---

4 Link: http://bit.ly/1Uh1pfl

> **Hohe Absprungrate – gut oder schlecht?**
>
> Ein Absprung ist als Sitzung mit nur einem Seitenaufruf und ohne eine weitere Interaktion definiert. In der Praxis bedeutet das, dass auch ein Nutzer, der eine benötigte Information auf einer URL erhalten hat und zufrieden die Webseite wieder verlässt, als Absprung gewertet wird. Wir empfehlen deswegen die Messung unterschiedlicher Nutzer-Interaktionen, wie z.B. Sitzungsdauer, Scrolltiefe, Link-Klicks oder Video-Views.

7.1.5 Ziele definieren und messen

Ziele im Online-Marketing tragen auch den Namen »Conversion«. Die »härteste« Form der Conversion ist ein Kaufabschluss. Doch auf dem Weg bis zum Kaufabschluss gibt es viele weitere Schritte, die Nutzer gehen. Sie können jeden dieser Schritte als eigene »Conversion« definieren. Um diese Mikro-Conversions messen zu können, gibt Ihnen Google Analytics die Möglichkeit, Ziele zu definieren. Die Konfiguration der Ziele finden Sie unter VERWALTEN > DATENANSICHT > ZIELVORHABEN.[5]

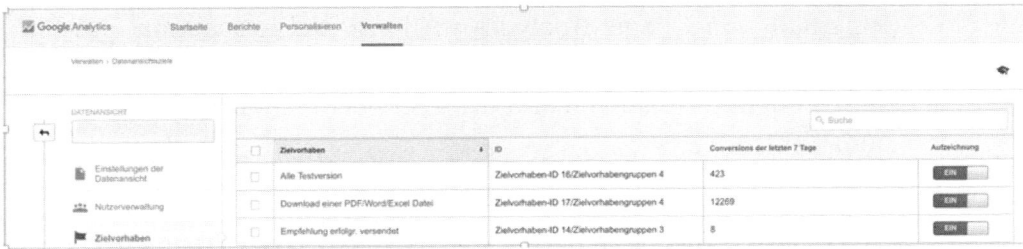

Abb. 7.1: Zielvorhaben-Verwaltung in Google Analytics

Dort können Sie bis zu 20 Ziele für Ihre Datenansicht einstellen. Zu den Standard-Zielen gehört der Aufruf einer bestimmten Zielseite, mit der eine Conversion als abgeschlossen gelten kann, wie etwa der Aufruf einer »Vielen Dank für Ihre Bestellung«-Seite nach dem Absenden

---

5   Link: `http://bit.ly/1rvCoF5`

eines Bestellformulars oder einer »Danke«-Seite nach dem Ausfüllen eines Anmelde-Formulars für einen Newsletter.

Aber auch das Erreichen einer bestimmten Sitzungsdauer oder das Erreichen einer bestimmten Anzahl aufgerufener Seiten pro Sitzung gehört zu den häufigen Zielen, die eingerichtet werden. Sie können beispielsweise festlegen, dass Sie eine Sitzung, die mindestens drei Minuten dauert, als Conversion betrachten möchten. Oder jede Sitzung, die mehr als drei Seitenaufrufe umfasst. Damit geben Sie dem User-Engagement Maß und Ziel, auf das Sie Ihre Inhalte optimieren können.

Eine dritte und für das Content Marketing besonders relevante Zielkategorie sind Ereignisse. Die Ereignisse können Sie selbst definieren und sehr variabel einsetzen – Sie können damit alle möglichen Arten von Zielen beschreiben und messen. So können Sie beispielsweise nur die Klicks auf eine bestimmte URL-Kategorie als Ziel nutzen und darüber zum Beispiel messen, inwieweit es Ihnen gelingt, Nutzer über informierende Inhalte auf einen bestimmten Typ Landingpage zu locken.

Zählweise von Zielen in Google Analytics

Innerhalb von Google Analytics wird ein Ziel nur einmal pro Sitzung gezählt. Wenn Sie beispielsweise einen bestimmten Link-Klick als Ziel definiert haben, kann das Ziel maximal einmal erfüllt werden.[6]

7.1.6 Beispiel: Ereignis definieren und messen

Um eine Vielfalt relevanter Nutzer-Interaktionen messen zu können, bietet Google Analytics das so geannte Ereignistracking oder auch Event-Tracking. Sie finden diesen Report in der Navigation unter VERHALTEN > EREIGNISSE.[7]

---

6   Weitere Informationen zur Zählweise finden Sie hier: https://support.
    google.com/analytics/answer/2679221?hl=de
7   Link: http://bit.ly/1sMMGBS

Interessant sind vor allem die Berichte »Wichtigste Ereignisse« und
»Seiten«.

In dem Bericht »Wichtigste Ereignisse« sehen Sie alle gemessenen
Ereignisse und können sie auswerten.

	Ereigniskategorie	Ereignisse gesamt	↓ Eindeutige Ereignisse	Ereigniswert	Durchschn. Wert
		5.259.621	1.409.499	0	0,00
		% des Gesamtwerts: 100,00 % (5.259.624)	% des Gesamtwerts: 99,98 % (1.409.768)	% des Gesamtwerts: 0,00 % (0)	Durchn. für Datenansicht: 0,00 (0,00 %)
1.	Ecommerce Interaction	3.763.695 (71,94 %)	941.304 (38,30 %)	0 (0,00 %)	0,00
2.	Navigation	1.428.484 (27,31 %)	434.657 (17,69 %)	0 (0,00 %)	0,00
3.	Website Interaction	21.867 (0,42 %)	16.826 (0,68 %)	0 (0,00 %)	0,00
4.	404 Error Page View	8.318 (0,16 %)	6.524 (0,27 %)	0 (0,00 %)	0,00
5.	Newsletter	7.462 (0,14 %)	6.942 (0,28 %)	0 (0,00 %)	0,00
6.	PDF View	1.713 (0,03 %)	1.286 (0,05 %)	0 (0,00 %)	0,00

Abb. 7.2: Auszug aus dem Google-Analytics-Report »Ereignisse«

In dem Bericht »Seiten« sehen Sie grundsätzlich alle Events aufgeschlüsselt nach den jeweiligen Seiten, auf denen sie aufgelaufen sind.
Mithilfe einer sekundären Dimension können Sie weitere Informationen, wie die Ereigniskategorie oder die Ereignisaktion, einblenden.

Primäre Dimension: **Seite** Seitentitel Gruppierung nach Content: Keine ▾

Sekundäre Dimension: Ereigniskategorie ▾ Sortierungsart: Standard ▾   Erweiterter Filter aktiviert ✕ Bearbeiten

	Seite	Ereigniskategorie	Ereignisse gesamt	↓ Eindeutige Ereignisse	Ereigniswert	Durchschn. Wert
			361.753	251.907	0	0,00
			% des Gesamtwerts: 6,88 % (5.259.624)	% des Gesamtwerts: 17,87 % (1.409.768)	% des Gesamtwerts: 0,00 % (0)	Durchn. für Datenansicht: 0,00 (0,00 %)
1.	/home	Navigation	360.433 (99,64 %)	250.729 (99,53 %)	0 (0,00 %)	0,00
2.	/home	Website Interaction	896 (0,25 %)	888 (0,35 %)	0 (0,00 %)	0,00
3.	/home	Ecommerce Interaction	424 (0,12 %)	291 (0,12 %)	0 (0,00 %)	0,00

Abb. 7.3: Auszug aus dem Google-Analytics-Report »Ereignisse«

Das Event-Tracking hat die Aufgabe, alle Interaktionen mit der Website
auswertbar zu machen. So können beispielsweise Klicks auf einen
Handlungsaufruf, wie etwa einen Call-to-Action-Button oder die Scroll-
tiefe Ihrer Nutzer, erfasst werden. Jedes Ereignis wird von Google Analytics in zwei Ausprägungen unterteilt.

- Interaktion
- Keine Interaktion

Jedes Event wird darüber hinaus automatisch mit der jeweiligen **Seite** verknüpft, auf der es stattgefunden hat. Google Analytics zählt die Events auf zwei unterschiedliche Arten.

	Ereigniskategorie	Ereignisse gesamt	↓ Eindeutige Ereignisse	Ereigniswert	Durchschn. Wert
		1.674	1.572	0	0,00
		% des Gesamtwerts: 100,00 % (1.674)	% des Gesamtwerts: 84,47 % (1.861)	% des Gesamtwerts: 0,00 % (0)	Durchn. für Datenansicht: 0,00 (0,00 %)
1.	TrueReader	1.551 (92,65 %)	1.466 (44,97 %)	0 (0,00 %)	0,00

Abb. 7.4: Auszug aus dem Google-Analytics-Report »Ereignisse«

EREIGNISSE GESAMT steht für die Anzahl aller stattgefundenen Events. Die Zahl EINDEUTIGE EREIGNISSE hingegen aggregiert die Zahl auf Sitzungsebene. Das bedeutet, wenn ein Nutzer innerhalb einer Sitzung ein Ereignis öfter ausführt, wird es nur einmal gezählt.

Beispiel: Dokumenten-Download tracken

Ein Event setzt sich aus mehreren Parametern zusammen. Die beiden zentralen Parameter sind die **Ereigniskategorie** sowie die **Ereignisaktion**.

Die **Ereigniskategorie** ist die höchste Kategorisierungsebene. Hier können Sie Ereignisse in unterschiedliche Kategorien gliedern. Ein Beispiel für eine geeignete Kategorie für ein Klick-basiertes Ereignis wäre »Download«. Dieser Kategorie-Name bietet sich für Sie an, wenn Sie verschiedene Dokumente zum Herunterladen per Klick auf einen Download-Link auf Ihrer Webseite anbieten.

Die **Ereignisaktion** hingegen beschreibt Details der Handlung, die der Nutzer durchgeführt hat. Einzelne Ereignisse aus der Kategorie »Download« könnten etwa den Namen des heruntergeladenen Dokuments erhalten:

■ PDF Rohstoffmaerkte 2017

■ PDF-Ratgeber Content-Marketing-Einsteiger

■ ...

Mit einer genauen Namenskonvention für jede Ereignis-Kategorie und jedes Teilereignis vermeiden Sie, dass Sie den Überblick verlieren. Legen Sie daher vorab fest, nach welcher Systematik Sie Ereignisse benennen möchten. Wenn Sie in Teams arbeiten, sorgen Sie dafür, dass zwischen den Team-Mitgliedern keine unterschiedlichen Interpretationen oder Schreibweisen für einzelne Ereignisse entstehen, da sonst der Wert und die Aussagekraft Ihrer Daten leiden können.

Damit Ereignisse zuverlässig gemessen werden können, müssen Sie die nötigen Voraussetzungen schaffen. Im Fall des Dokumenten-Downloads von Ihrer Webseite müssen Sie den Quellcode des Dokuments ergänzen, das mit der Download-Option verknüpft ist. Durch das Ergänzen des Codes sorgen Sie dafür, dass ein Tracking-Event an Google Analytics gesendet (»gefeuert«) wird, sobald ein Nutzer per Klick auf den entsprechenden Link den Dokumenten-Download auslöst.

Ein Standard-Funktionsaufruf mit den benötigten Parametern sieht wie folgt aus:

```
ga('send', 'event', 'Meine Ereigniskategorie',
'Meine Ereignisaktion');
```

Auf der Seite, auf der das Event gemessen werden soll, befindet sich im Beispiel ein bereitgestelltes PDF-Dokument mit dem Linktext »Download«:

```
<a href="http://www.BEISPIEL-DOMAIN.de/beispiel-dokument-1.pdf"
target="_blank">Download</a>
```

Damit für jeden Klick auf den »Download«-Link ein Ereignis an Google Analytics übermittelt wird, kann nun die Code-Ergänzung so aussehen:

```
onClick="ga('send', 'event', 'Download', 'Beispiel-PDF 1');"
```

Der vervollständigte Quelltext für den Download-Link sieht dann so aus:

```
<a href="http://www.BEISPIEL-DOMAIN.de/beispiel-dokument-1.pdf"
target="_blank" onClick="ga('send', 'event', 'Download',
'Beispiel-PDF 1');">Download</a>
```

Sobald nun Nutzer anfangen, das Dokument herunterzuladen, taucht in Google Analytics (zeitlich verzögert) im Bericht VERHALTEN > EREIG-NISSE > WICHTIGSTE EREIGNISSE eine neue Ereigniskategorie namens »Download« auf, innerhalb der die Anzahl der Events für die Ereignis-aktion »Beispiel-PDF 1« angezeigt wird.

Das obige Beispiel zeigt, was auf Code-Ebene passiert, wenn Sie ein-zelne HTML-Dokumente für das Event-Tracking vorbereiten. In der Praxis müssen Sie die gezeigten Code-Schnipsel nicht händisch erzeu-gen. Dazu gibt es praktikable Lösungen wie den Google-Tag-Manager. Das ist eine Software, die analog zu AdWords oder der Search Console mit einer interaktiven Benutzeroberfläche die Pflege der Ereigniskate-gorien erleichtert und umfassend ermöglicht.

Ein neu erstelltes Ereignis wie den Dokumenten-Download können Sie zusätzlich als Zielvorhaben definieren. Dann können Sie den Beitrag einzelner URLs Ihrer Webseite zu dem Zielvorhaben messen und nach-vollziehen, auf welche Arten es Ihnen gelingt, das Ereignis auszulösen. Das ist beispielsweise dann sinnvoll, wenn Sie von verschiedenen Seiten in Ihrem Web-Angebot auf die Möglichkeit des Dokumenten-Down-loads verweisen.

Messergebnisse nutzen, um Ziele anzupassen

Wichtig ist es, den Erfolg unseres Contents nicht nur zu messen, son-dern auch Anpassungen vorzunehmen – insbesondere dann, wenn der Content sein Hauptziel zunächst verfehlt. Nehmen wir an, eine Zielseite mit einem enthaltenen Download-Link schafft es zwar, Traffic über Suchmaschinen zu generieren, verfehlt aber weitgehend das Ziel des Dokumenten-Downloads durch die Nutzer.

Ein solches Ergebnis ist ein Anlass, um die Strategie in Bezug auf die-ses eine Stück Content zu überdenken. Was wären mögliche Gründe dafür, dass nur wenige Nutzer den Download auslösen? Hier sind zwei denkbare Einflussfaktoren:

■ Fehlender Call-to-Action: Wir teilen den Nutzern im Artikel nicht aktiv mit, dass wir sie auf der Zielseite gerne einladen möchten, das zum Thema passende Dokument herunterzuladen.

■ Fehlende Usability: Ist es ohne Ausprobieren und Nachdenken für jeden Nutzer ersichtlich, dass die im Thema eingebetteten Dokumente dazu gedacht sind, angeklickt und heruntergeladen zu werden? Benötigen wir ggf. aussagekräftige Voransichten der Dokumente, ergänzt um kleine Zusammenfassungen der Inhalte?

7.1.7 Kampagnen-Tracking

Die bisher gewählten Beispiele für dieses Kapitel beziehen sich auf Inhalte, die vorwiegend für eine gute Auffindbarkeit in Suchmaschinen optimiert sind. Zu vielen Content-Marketing-Strategien gehören jedoch auch andere Arten der Content-Distribution, wie beispielsweise das Bewerben von Inhalten in sozialen Netzwerken. Um vielfältige eigene Kanäle auszuwerten, bietet sich das Kampagnen-Tracking an.

Nutzen wir hierfür wieder ein Beispiel. Nehmen wir an, es geht um einen Anbieter von Smoothie-Getränken. Zielgruppe ist eine gesundheitsbewusste Community aus Young Professionals, die das Thema nicht nur auf Ernährung bezieht, sondern es zum Lebensstil erhoben hat. In einem Blog gibt das Unternehmen regelmäßig Tipps rund um fruchtige Rezepte – passend zur Saison. Außerdem gibt es darin kleine Wellness-Tipps für einen lockeren Büroalltag.

Die Themen werden als ansprechende Blogposts konzipiert, die über gesponserte Social-Media-Postings beworben werden. Um nachzuvollziehen, welche einzelnen Sponsored Posts besonders erfolgreich darin waren, Traffic auf den Blog zu ziehen, setzt das Unternehmen verschiedene Parameter ein – sie bilden die Grundlage für das Kampagnen-Tracking. Die Parameter werden an die URLs der beworbenen Beiträge angehängt.

Sehen wir uns an einem einfachen Beispiel an, wie eine um Tracking-Parameter ergänzte URL aussehen kann. In folgenden Fall betrachten wir die Bewerbung eines einzelnen Blogposts zum Thema »Wintersmoothies« via Facebook als eine eigene Kampagne:

https://www.smoothie-beispielshop.de/inspiration/wintersmoothies. html?utm_source=facebook&utm_medium=cpc&utm_campaign= 201612_blogpost52

Jeder der oben angehängten UTM-Parameter überträgt bestimmte Informationen an Google Analytics. Über den Parameter `utm_campaign` übergeben Sie den Namen Ihrer gesamten Kampagne. Dadurch können Sie Ihre Kampagne später auf dieser Aggregationsebene analysieren. Ein Kampagnen-Name kann sich wie im gewählten Beispiel auf einen einzelnen Blogpost beziehen oder eine über mehrere Kanäle ausgespielte Kampagne (z.B. »Herbst-Sale«) betiteln.

Für Ihre Content-Marketing-Kampagnen empfiehlt es sich, für jede bezahlte Quelle eigene Parameter zu nutzen. Die Quelle der Beispiel-Kampagne ist Facebook und das Medium cpc (Cost per Click). Durch die angefügten Tracking-Parameter sehen Sie in Google Analytics, welcher Anteil der Blogpost-Nutzer über den bezahlten Post auf Facebook auf Ihre Website kam.

Die folgende Tabelle gibt Ihnen einen Überblick über die verfügbaren UTM-Tracking-Parameter und stellt zudem dar, welche davon in jedem Fall erforderlich sind:

UTM-Parameter	Beschreibung
Kampagnenquelle (`utm_source`)	Erforderlich. Mithilfe von `utm_source` können Sie eine Suchmaschine, einen Newsletter-Namen oder eine andere Quelle identifizieren. Beispiel: `utm_source=google`
Kampagnenmedium (`utm_medium`)	Erforderlich. Mit `utm_medium` können Sie ein Medium wie E-Mail oder Cost-per-Click (CPC) kennzeichnen. Beispiel: `utm_medium=cpc`
Kampagnenbegriff (`utm_term`)	Wird für die bezahlte Suche verwendet. Mit `utm_term` können Sie die Keywords für diese Anzeige erfassen. Beispiel: `utm_term=laufen+schuhe`
Kampagnen-Content (`utm_content`)	Wird für A/B-Tests und Content-bezogene Anzeigen verwendet. Mit `utm_content` können Sie Anzeigen und Links unterscheiden, die auf dieselbe URL verweisen. Beispiele: `utm_content=logolink oder utm_content=textlink`

UTM-Parameter	Beschreibung
Kampagnenname (`utm_campaign`)	Erforderlich. Wird für die Keyword-Analyse verwendet. Verwenden Sie `utm_campaign` zur Kennzeichnung einer bestimmten Produktwerbeaktion oder einer strategischen Kampagne. Beispiel: `utm_campaign=winterschlussverkauf`

Um korrekt aufgebaute Kampagnen-URLs zu generieren, können Sie wiederum auf ein Tool zurückgreifen, den sog. »Campaign URL Builder«. Surfen Sie dazu auf `https://ga-dev-tools.appspot.com/campaign-url-builder/`. Ausgestattet mit dem Basis-Wissen rund um URL-Parameter können Sie dort auf einfachem Weg Ihre Kampagnen-URLs einrichten. Damit die dabei entstehenden, komplexen und langen Links nicht die Optik und Usability Ihrer Werbemittel stören, nutzen Sie den ebenfalls verfügbaren Link-Shortener auf der Campaign-URL-Builder-Webseite.

Auf folgende Punkte müssen Sie zusätzlich achten:

1. Sie dürfen das Kampagnen-Tracking nur für Links nutzen, die auf Ihre Website verlinken. Es darf nicht bei internen Links genutzt werden.

2. Alle Parameter sollten kleingeschrieben werden und innerhalb Ihrer Organisation konsistent verwendet werden. So sollte die Besucherquelle beispielsweise immer facebook und nicht einmal fb, Facebook etc. genannt werden.

Unter AKQUISITION > KAMPAGNEN erhalten Sie schließlich eine Übersicht, wie oft Ihre URLs mit UTM-Parametern angeklickt wurden. Darüber hinaus können Sie das Verhalten der Nutzer analysieren, die über die Kampagnen-URLs auf Ihrer Webseite gelandet sind.

7.2 Content für das Remarketing

Nehmen wir an, Sie sind ein kleiner Shop für eine erlesene Auswahl an speziellen italienischen Weinen. Allgemeine AdWords-Platzierungen auf umfassende Begriffe wie »Italienischer Rotwein« kosten hohe

Summen, d.h. hohe Euro-Cent-Beträge pro Click. Eine solche breit angelegte AdWords-Kampagne ist für Sie schlicht zu teuer. Was tun? Einfach den großen Weinhändlern im Markt das Feld überlassen?

Ein Ausweg kann zunächst sein, auf günstigere, informationelle Suchen rund um Rotwein auszuweichen und hierfür Ratgeber-Content aufzubauen. Anbieten würden sich Informationen zu den Rebsorten Italiens oder den bekanntesten Anbaugebieten. Dieser Content liefert Ihren Nutzern nicht nur einen relevanten Einstieg in das gesamte Angebot Ihres Webauftritts. Er liefert Ihnen auch etwas Wertvolles zurück: den Einstieg in ein Remarketing, das Ihnen erlaubt, im Rennen der Großen mitzuspielen – nur viel gezielter.

Sie können durch das Setzen von Cookies über einen gewissen Zeitraum hinweg die Netznutzer identifizieren, die Ihren Ratgeber-Content besucht haben. Gibt einer dieser Nutzer dann eines Tages »Italienischer Rotwein« oder etwas wie »Rotwein Italien kaufen« in die Suche ein, können Sie dafür sorgen, dass nur diesen Nutzern die Anzeige für Ihren Shop eingeblendet wird.

Die identische Verfahrensweise können Sie für Ihre Bestandskunden nutzen. So sorgen Sie dafür, dass Ihre Bestandskunden bei Ihnen bleiben. Dieses Feature nennt sich Remarketing Lists for Search Ads und ist verfügbar, sobald Sie Ihren AdWords-Account mit Google Analytics verbunden haben.

Erstellen Sie zunächst eine Remarketing-Liste in AdWords und fügen Sie auf Ihrer Website ein als Remarketing-Tag bezeichnetes Code-Snippet ein. Sie können das neue Remarketing-Tag auf jeder Seite Ihrer Website einfügen. Durch diesen Code wird das AdWords-System angewiesen, jeden Websitebesucher in Ihre Liste aufzunehmen. Wenn ein Nutzer dann beispielsweise Ihre Startseite besucht, wird das Cookie, das seinem Browser zugeordnet ist, zur Remarketing-Liste hinzugefügt.

Nachdem das Remarketing-Tag auf Ihrer Website eingefügt wurde, können Sie die Remarketing-Liste Ihren bestehenden Kampagnen und Anzeigengruppen hinzufügen und die Gebote für die Nutzer auf der Liste erhöhen oder senken.

7.3   Dashboards

Es kann an vielen Stellen sehr mühselig sein, immer wieder die gleichen Kennzahlen in Google Analytics zu recherchieren und anschließend zu reporten. Auch dafür gibt es ein Tool innerhalb von Google Analytics, auch wenn die Funktionsweise eher rudimentär ist.

Sie finden das Tool in der linken Navigation unter DASHBOARDS.[8]

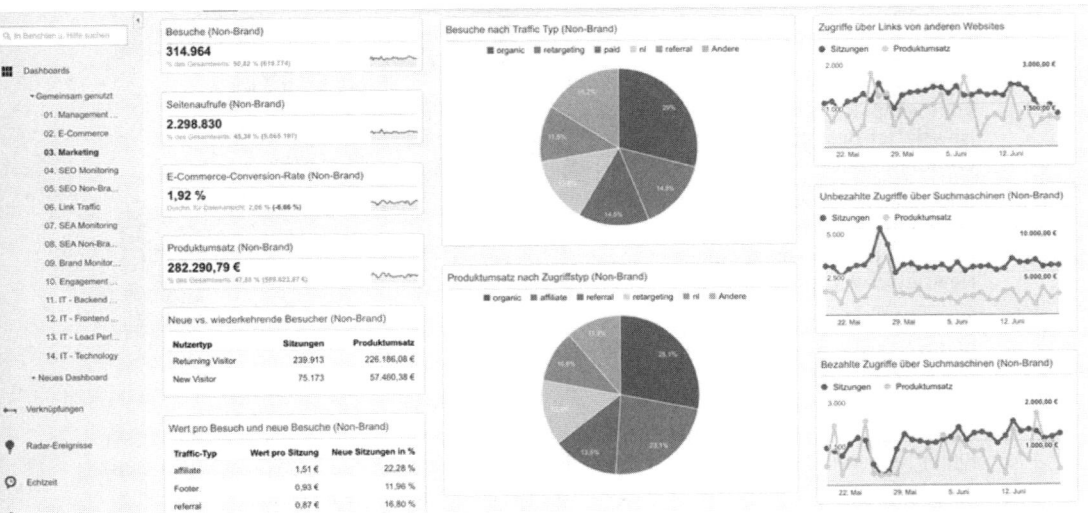

Abb. 7.5: Dashboards in Google Analytics

Sie können diese Dashboards selbst anpassen oder bestehende Dashboards aus der Google Analytics Solutions Gallery importieren.

Wie eingangs erwähnt, sind die Konfigurationsmöglichkeiten sehr eingeschränkt. Wir empfehlen deswegen, Dashboards mit externen Tools, wie Google Sheets oder Google Data Studio, zu entwerfen. Auch wenn die Gestaltung eines solchen Dashboards weit mehr Aufwand bedeutet, ist der Nutzen doch umso größer. Für Google Sheets und Excel-Dashboards können wir das Tool Supermetrics for Google Drive[9] empfehlen. Mithilfe dieses Tools kann man alle Daten aus Google Analytics leicht exportieren und automatische Reports erstellen.

---

8   Link: `http://bit.ly/265qi8w`
9   `http://supermetrics.com/products/`; ab 45€/Monat

Michael Keukert
Tobias Kollewe

MailChimp

Das Praxis-Handbuch
E-Mail-Marketing für B2B und B2C

Vom Setup des Accounts über die Newsletter-Gestaltung bis zur Erfolgskontrolle

Anlegen von Adresslisten, Gruppen und Segmenten, Import und Export von Listen, Aufsetzen von Kampagnen sowie Newsletter-Versand inkl. A/B-Tests

Zahlreiche Schritt-für-Schritt-Anleitungen und wertvolle Praxistipps für erfolgreiches E-Mail-Marketing

MailChimp ist einer der weltweiten Marktführer im Bereich der E-Mail-Marketing- und Newsletter-Software und ist für jeden geeignet – ganz unabhängig vom Einsatzgebiet: Unternehmen, Organisationen, Blogger und private Anwender können MailChimp kostenlos zum Versand von Newslettern und Transaktionsmails nutzen.

Mit diesem Praxis-Handbuch erhalten Sie eine leicht verständliche praxisnahe Einführung in MailChimp mit zahlreichen Schritt-für-Schritt-Anleitungen. Fortgeschrittenen Nutzern dient das Buch als praktisches Nachschlagewerk mit umfangreichem Stichwortverzeichnis.

Neben einer grundlegenden Einführung in E-Mail-Marketing und Newsletter-Versand behandeln die Autoren detailliert alle Themen, die für die Arbeit mit MailChimp eine Rolle spielen:

Nach dem Setup des Accounts erfahren Sie, wie Sie Listen für Ihre E-Mail-Adressen erstellen und diese effizient verwalten. Ausführlich und Schritt für Schritt wird beschrieben, wie Sie die Anmeldeformulare und die Benutzeroberfläche so überarbeiten, dass sie den Anforderungen an modernes E-Mail-Marketing optimal gerecht werden.

Nachdem die Grundsteine gelegt sind, geht es um das Design und den Versand Ihrer Newsletter: Die Autoren zeigen, welche Templates und Inhaltselemente Ihnen für die Gestaltung zur Verfügung stehen. Des Weiteren erfahren Sie, wie Sie einzelne Kampagnen aufsetzen, versenden und mittels Statistiken und A/B-Tests den Erfolg Ihrer Newsletter kontrollieren.

Für den fortgeschrittenen Einsatz gehen die Autoren am Ende des Buches auf Webhooks und Goals, die API-Programmierung und MailChimp-Apps ein.

ISBN 978-3-95845-248-0

Probekapitel und Infos erhalten Sie unter:
www.mitp.de/248

Stichwortverzeichnis

Marco Hassler

Digital und
Web Analytics
Metriken auswerten,
Besucherverhalten verstehen,
Website optimieren

4., aktualisierte Auflage

**Metriken analysieren und
interpretieren**

**Besucherverhalten verstehen und
auswerten**

**Digital-Ziele definieren, Webauftritt
optimieren und den Erfolg steigern**

Digital Analytics bezeichnet die Samm-
lung, Analyse und Auswertung von Daten
der Nutzung aller digitalen Kanäle. Das
Ziel dabei ist, diese Informationen zum
besseren Verständnis des Besucherverhal-
tens sowie zur Optimierung der gesamten
digitalen Internetpräsenz zu nutzen. Je
nach Ausrichtung des jeweiligen Digital-
kanals – z.B. die Steigerung der Anzahl
von Kontaktanfragen, Leads oder Bestel-
lungen auf einer Website oder auch die
Vermittlung eines Markenwerts – können
Sie anhand von Analytics herausfinden, wo
sich Schwachstellen befinden und wie Sie
Ihre eigenen Ziele durch entsprechende
Optimierungen besser erreichen.

Marco Hassler gibt Ihnen sowohl eine
schrittweise Einführung als auch einen
umfassenden Einblick in die Tiefe der Ana-
lytics-Metriken. Mit diesem Buch finden

Sie z.B. heraus, welche Traffic-Quelle die
wertvollsten Besucher bringt oder welche
Bereiche der Website besonders verkaufs-
fördernd wirken. Auf diese Weise werden
Sie Ihre Besucher sowie deren Verhalten
und Motivation besser kennenlernen, Ihre
Digitalkanäle darauf abstimmen und somit
Ihren digitalen Erfolg steigern können.

Darüber hinaus schlägt das Buch auch die
Brücke zu angrenzenden Themenberei-
chen wie Usability, User Centered Design,
Customer Journey, Online Branding, Social
Media, Digital Marketing und Suchmaschi-
nenoptimierung.

Ziel dieses Buches ist es, konkrete Digital-
Analytics-Kenntnisse zu vermitteln. Marco
Hassler gibt Ihnen klare Ratschläge und
Anleitungen, wie Sie Ihre Ziele erreichen,
sowie wertvolle praxisorientierte Tipps.

ISBN 978-3-95845-359-3

Probekapitel und Infos erhalten Sie unter:
www.mitp.de/359

Sabrina Forst

Erfolgreiche Webtexte

Verkaufsstarke Inhalte für Webseiten, Online-Shops und Content Marketing

2. Auflage

Die wesentlichen Elemente zielorientierter Webtexte

Themen und Inhalte für Content Marketing und Blogs

Storytelling, Werbe- und PR-Texte

Die textlichen Bausteine Ihrer Website haben einen enormen Einfluss auf Ihren Erfolg im Internet.

Über suchmaschinenoptimierte Inhalte holen Sie Besucher auf die Seite. Mit klaren Beschriftungen, knackigen Überschriften, Infotexten und Produktbeschreibungen beantworten Sie Fragen, beraten und begeistern. Durch transparente Team- und Firmenvorstellungen bauen Sie Vertrauen auf und machen Interessenten zu Kunden.

Frische Inhalte geben Anlass, auf Ihre Seite zurückzukehren. Hierbei sorgen verschiedene Content-Formate und Storytelling für Spannung und Abwechslung. Gleichzeitig machen Sie durch Pressemitteilungen, Fachartikel und Interviews die Medien auf Ihr Angebot aufmerksam.

In diesem Buch lernen Sie, wie Sie verkaufsstarke Texte für alle Bereiche Ihres Webauftritts erstellen.

Teil I des Buches beschäftigt sich mit der Grundausstattung Ihrer Website. Sie erfahren, wie eine gezielte Kundenansprache gelingt, welche Basistexte Sie brauchen und wie Sie diese für die Suchmaschinen optimieren.

Teil II behandelt den inhaltlichen Ausbau. Ein Mix aus Information, Unterhaltung und Interaktivität hält die Besucher bei Laune und lädt zum regelmäßigen Besuch ein.

In Teil III geht es um Social Media, Online-Marketing und Online-PR. Sie erfahren u.a., wie man Werbeanzeigen, Landingpages und Pressemitteilungen schreibt.

Teil IV hat das Outsourcing von Texten zum Inhalt. Hier bekommen Sie Tipps und Informationen zur Auslagerung der Texterstellung.

ISBN 978-3-95845-264-0

Probekapitel und Infos erhalten Sie unter:
www.mitp.de/264

Martin Schirmbacher

Online-Marketing- und Social-Media-Recht

2. Auflage

Zahlreiche Beispiele und konkrete Fälle aus der Praxis

Online-Marketing-Maßnahmen rechtssicher umsetzen

Wann verletzen Sie Rechte anderer?

Wie setzen Sie Ihre Rechte durch?

Die häufigsten Fehler im Online- und Social Media Marketing

Checklisten, Tipps, Mustertexte und Übersichten

Online-Marketing bietet nicht nur viele Chancen im Web, sondern beinhaltet auch rechtliche Tücken, die häufig von Nicht-Juristen kaum voraussehbar sind.

In diesem umfassenden und praktischen Handbuch werden alle Themen behandelt, die im Web zu rechtlichen Schwierigkeiten führen können, sei es, weil Sie unbewusst Rechte Dritter verletzen oder jemand anderes Ihre Rechte nicht beachtet.

Schirmbacher behandelt detailliert die nach deutschem Recht relevanten Aspekte des Social-Media- und Online-Marketings. In jedem Kapitel werden vorhandene Fälle herangezogen, um die einzelnen Sachverhalte und Fragestellungen zu ver-

deutlichen und anhand aktueller Urteile verständlich zu machen. So erhalten Sie eine konkrete und realitätsnahe Vorstellung, welche Probleme auftreten können und wie diese von Richtern oder Behörden bewertet werden.

Ein Kapitel zu Verträgen im Online-Marketing gibt Hinweise, wie Sie Ihre Verträge klug gestalten, so dass Diskussionen mit Ihrer Agentur oder Ihren Kunden gar nicht erst entstehen.

Zahlreiche Checklisten, Beispiele, Mustertexte und Tipps helfen Ihnen, juristisch „sauber" zu bleiben und Fallstricke zu vermeiden, bevor es zu spät ist.

Die Webseite zum Buch finden Sie unter: www.online-marketing-recht.de

ISBN 978-3-8266-9498-1

Weitere Infos erhalten Sie unter:
www.mitp.de/9498

Miriam Rupp

Storytelling für Unternehmen

Mit Geschichten zum Erfolg in Content Marketing, PR, Social Media, Employer Branding und Leadership

Storytelling als Basis für modernes Content Marketing

Wirkung und Erzählformate guter Geschichten

Zahlreiche anschauliche Beispiele und praktische Checklisten zur Ideenfindung

Storytelling ist für Marketingabteilungen das neue Fundament in der Kundenkommunikation über alte und neue Kanäle wie PR, Content Marketing und Social Media.

Marken wie Red Bull, Apple, Coca-Cola, Dove oder airbnb sind heutzutage in aller Munde, wenn es um Brand Storytelling geht. Doch was genau machen sie anders, als wir es von der traditionellen Unternehmenskommunikation kennen? Was können Sie von ihnen lernen? Anhand konkreter Beispiele erfahren Sie in diesem Buch, wie Storytelling erfolgreich im Marketing und in der Unternehmensführung eingesetzt werden kann.

Im ersten Teil des Buches lernen Sie detailliert, welche Bestandteile eine gute Geschichte enthalten sollte, und erfahren, wie Sie für Ihr Unternehmen Helden, Konflikte, ein Happy End und letztendlich Ihre eigene Rolle in einer Geschichte finden – passend zu Ihrer Unternehmensstrategie und -vision.

Der zweite Teil des Buches erläutert, wie Sie Ihre Geschichten optimal an Ihr Publikum bringen.

Die Autorin zeigt im dritten Teil des Buches, dass Storytelling nicht nur ein Thema für Lifestyle-Produkte wie Energy-Drinks oder Smartphones ist. Geschichten bieten gerade für technische oder Nischen-Themen oder auch im B2B-Bereich enormes Potenzial, das meist einfacher umzusetzen ist als angenommen.

Darüber hinaus ist Storytelling nicht nur ein Tool für die Kommunikation nach außen. Sie erfahren, inwiefern es auch für Employer Branding und Leadership generell von großer Bedeutung ist, um Mitarbeiter zu finden, zu halten und zu motivieren.

In jedem Kapitel finden Sie detaillierte Fragestellungen zur Ideenfindung, die Sie dabei unterstützen, Ihre eigene Story zu finden.

Zusätzlich geben Interviews mit Entrepreneuren, Agenturen und Storytelling-Verantwortlichen in Unternehmen ganz persönliche Eindrücke aus der Praxis.

Probekapitel und Infos erhalten Sie unter:
www.mitp.de/242

ISBN 978-3-95845-242-8

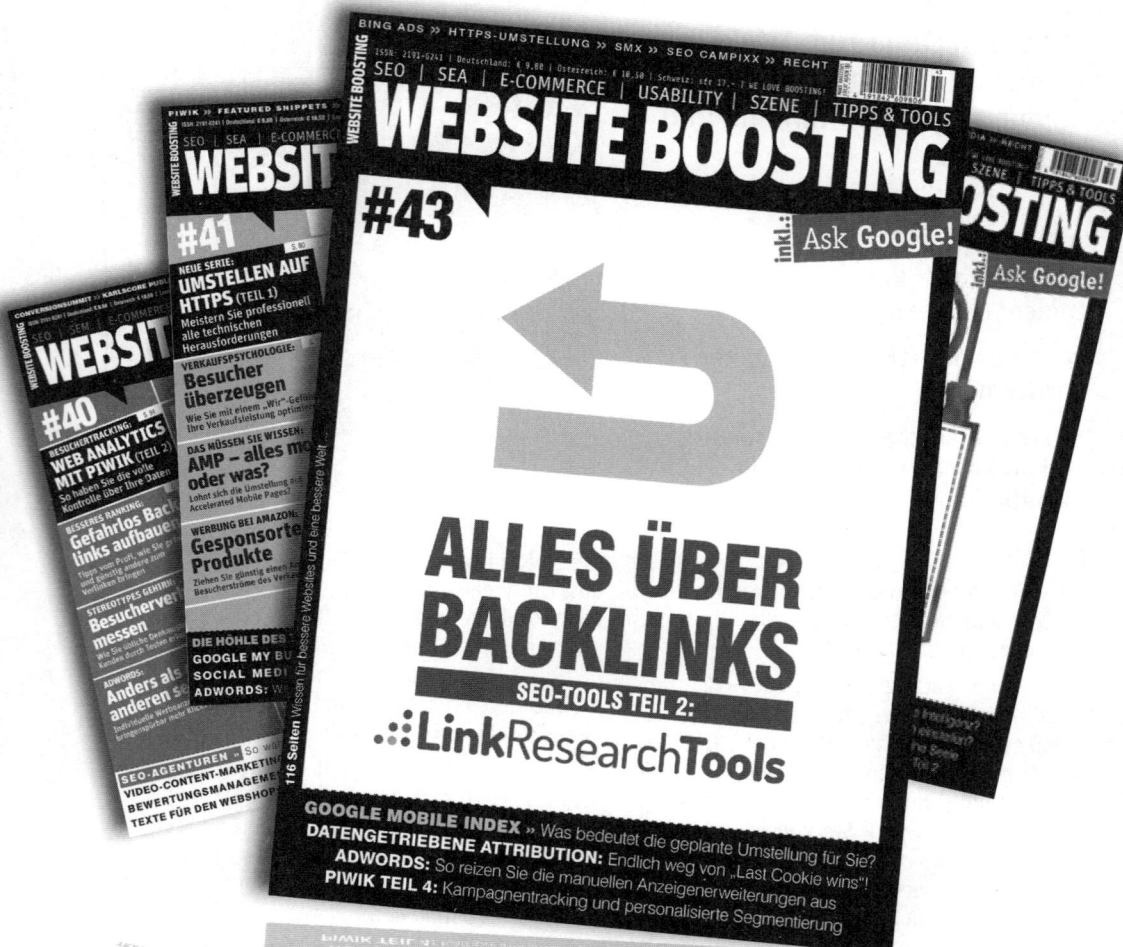